国家科学技术学术著作出版基金资助出版

深海极端环境服役材料

尹衍升　刘　涛　董丽华　屈少鹏　范春华　著

科学出版社
北　京

内 容 简 介

本书结合近年来国内外对深海极端环境服役材料的研究进展，论述了深海环境，特别是深海极端环境（包括深海热液区、北极深海区）下材料、环境之间的交互作用，从深海环境、材料应用、腐蚀与防护等几个方面进行阐述，并结合作者课题组多年来的研究成果，对深海极端环境下服役材料的失效机理和防护方法进行了较为深入的探讨。全书共分为 5 章，内容包括深海环境下的材料应用及腐蚀现状、深海极端环境下的微生物及实验室培养、深海工程装备材料的发展现状、金属材料在深海环境下的应用、深海极端环境下材料应用及其性能分析。

本书可供海洋工程、材料科学与工程及相关专业的研究人员、工程技术人员参考，也可作为相关专业高年级本科生、研究生的参考用书。

图书在版编目（CIP）数据

深海极端环境服役材料/尹衍升等著.—北京：科学出版社，2017.11

ISBN 978-7-03-054925-9

Ⅰ. ①深… Ⅱ. ①尹… Ⅲ. ①深海环境—工程材料—研究 Ⅳ. ①P751

中国版本图书馆CIP数据核字（2017）第258207号

责任编辑：张 析 / 责任校对：韩 杨
责任印制：张 伟 / 封面设计：东方人华

科 学 出 版 社 出版
北京东黄城根北街 16 号
邮政编码：100717
http://www.sciencep.com

北京东华虎彩印刷有限公司 印刷

科学出版社发行 各地新华书店经销

*

2017 年 11 月第 一 版 开本：720 × 1000 1/16
2018 年 1 月第二次印刷 印张：7 1/2 插页：4
字数：150 000

定价：68.00 元

（如有印装质量问题，我社负责调换）

前 言

到目前为止，国际上对于深海的概念还未完全统一，海洋工程领域一般把离海平面500m以下称为“深海”，而国际海洋科学界则把1000m的永久性温跃层以下的区域称为深海，如果以1000m为界，深海占海洋总体积的3/4。据统计，目前世界深海油气探明储量已占海洋油气储量的65%以上；天然气水合物在海洋中的总量为(1～5)$\times10^{15}m^3$；多金属结核在海洋中约有5000亿t，主要富集在4000～6000m深度；富钴结壳在海洋中含量可达10亿t，主要分布在500～4000m深度；上百处海底热液多金属硫化物矿床含量达6亿t，分布在1500～4000m深度；深海已发现数千种新生物，绝大部分物种是深海环境所独有的，深海是人类科学探索和能源需求的宝库和未来。

深海是高压、无氧、低温或局部高温(400℃)环境，深海并不平静，经常出现类似于陆地上的飓风等各种激流。深海“风暴”的流速虽然只有50cm/s左右，但其能量大得惊人。在6000m深的海域发生的海底“风暴”，50cm/s的速度看似很慢，与25m/s的台风速度相比，简直可以忽略不计，但是考虑到深海海水密度几乎是大气的1000倍，按能量等于质量乘以速度计算，就可以想象海底“风暴”能量之巨大。最凶猛的海底“风暴”，其破坏力相当于风速高达160km/h的风暴，而风速超过120km/h时已是飓风了。深海“风暴”犹如强大的龙卷风，旋转着横扫海底，其破坏力极强，它会冲掉安装在海底的科学仪器，毁坏海底通信电缆，甚至可能危及海上石油钻井平台。而且深海高压极端环境使物质出现新特性，一般的物质在经历100GPa的高压过程中，平均将有五种不同的相变出现，这就意味着在深海高压环境下，材料组织和性能将发生诸多出人意料的变化，发生高压相变时物质的体积、电阻、声速或光波频率等常发生不连续的变化。

深海的腐蚀和磨损常常是耦合发生的，高压、低温(或热液区高温)、极端微生物附着、毒性气体都会加剧海水对服役材料的腐蚀，更会加剧海底风暴涌动的磨蚀及毁损过程并随着海底风暴的冲击在金属表面产生“犁沟”，形成新的裸露表面而进一步被腐蚀。深海苛刻的环境对于服役金属材料的蚀损机制研究一直是我国材料研究的空白。材料在深海的高压、无氧、低温或局部高温(400℃)环境中服役，处于高压极端环境中，本身性能如密度、导热导电性等物理性能，耐热、耐蚀、感光特性等化学性能，硬度、强度、塑性、韧性、抗冲击、抗疲劳、弹性等力学性能会发生重大变化。材料在高压下的腐蚀机制、摩擦系数、热衰退、热稳定性等与常温常压下不同，所表现出的腐蚀、磨损机制也与常压环境不同，尤其在深海环境中温度梯度大(0～400℃)时金属材料的腐蚀速率、摩擦系数的稳定性变差，摩擦磨损加剧。因此，研究深海环境中的服役材料腐蚀过程与机理、海底风暴中的沙石与金属材料表面产生的磨粒磨损，高压下服役过程中产生的疲劳磨损，海水介质产生的腐蚀磨损现象和磨蚀行为机制均具有极大的现实意义和应用价值。目前，随着海洋开发趋向深海，油气勘探向地质条件和物理环境更加复杂的区域发展，一些高 H_2S 和 CO_2 含量、高含硫深海热液环境区域已成为油气勘探的重点。鉴于深海环境的特殊性，研究材料在此深海高压有毒气体环境下的蚀损行为也显得极其重要。

深海蕴藏着世界未来发展所必须的丰富的能源与战略资源。随着我国海洋强国建设的加速、随着我国海洋科技向着深远化进军、随着我国石油钻采向着深海延伸、随着南海可燃冰的勘探和开采，我国对于深海装备国产化的需求更为迫切，从而对于深海材料国产化的需求也更为迫切，如果拙作能为国家向深海进军起到一点点推动作用，则将成为作者一生的骄傲。

本书的研究内容是作者课题组在国家重点基础研究发展计划(“973”计划)“严酷海洋环境用新型耐蚀耐磨金属材料研究”(项目号：2014CB643306)的实施过程中完成的。在项目研究及本书撰写过程中，张丽副教授、刘伯洋副教授、常雪婷副教授、陈海龑副教授、王东胜博士、周云博士给予了鼎力相助，钢铁研究总院在样品制备和检测过程中提供了帮助和指导，作者将把这份深深的谢意收藏到永远。

由于水平所限，作者在撰写过程中一定存在着诸多谬误和引述的失误，衷心希望专家和读者在审阅时给予恕谅和批评。尽管我们可以用深海材料研究难度过大而原谅自己的研究深度较浅和水平不高，但我们也由衷地承认，研究过程和形成文字的结论一定存在着我们没有发现的错误，也恭请专家和读者给予斧正和指导。

作　者

于上海临港新城

2017年8月28日

目　　录

第 1 章　深海环境下的材料应用及腐蚀现状

引　言

随着近些年深潜器对深海的多次探索，人类对深海的认知逐渐丰富起来，由于深海所蕴藏的丰富生物、矿产资源及人们从未停止的求知欲，对深海的进一步探索与开发正成为全球众多国家的重要发展战略。深海探索及开发工程设备将是这一战略得以实施的前提条件，正如我们所知，海水中的氯离子、氧气及其他的一些化学组分对设备材料的腐蚀具有重要的影响。因此，全面深入地了解深海环境与材料腐蚀相关的成分特征对我们开发设备的选材具有重要意义。下面就深海环境下与材料腐蚀相关的因素分别给予论述。

1.1　深海环境与材料应用

1.1.1　影响材料应用的深海一般环境因素

1. 深海溶解氧

海水中的溶解氧在材料的腐蚀中扮演了重要的角色，对于不能形成钝化保护膜的金属而言，溶解氧作为去极化剂是腐蚀反应过程中阴极反应的主要形式，而对于会形成钝化保护膜的金属来说，溶解氧的减少会使得钝化膜破坏后不容易修复并发生局部腐蚀。按照溶解氧垂直分布的特征，通常把海洋分成 3 层：①表层。风浪的搅拌作用和垂直对流作用，使氧在表层水和大气之间的分配，较快地趋于平衡。个别海区在 50m 深的水层之上，由于生物的光合作用，出现了氧含量的极大值。②中层。表层之下，由于下沉的生物残骸和有机体在分解过程中消耗了氧，使氧含量急剧降低，通常在 700～1000m 深处出现氧含量的极小值(此深度因区域不同而异)。③深层。在氧含量为极小值的水层之下，氧含量随深度而增加。海洋深处的氧，主要靠高纬度下沉的表层水来补充。如果没有这种表层水的补充，仅靠氧分子从表层向深处扩散，其速率很缓慢，难以满足有机物分解的需要，势必造成深层水缺氧甚至于无氧。

2. 海水温度

温度随着海水深度的增加而降低，并且降低速率逐渐减慢，在 500m 处海水的温度不到10℃，到4000m时温度区间为1～4℃左右，整个大洋的水温差不过3℃左右[1]。

通常，随着温度的升高，物质的化学活性将提高，腐蚀介质存在去极化剂的情况下发生材料的氧化反应，因而腐蚀速率将加快。但对某些金属而言，温度对其腐蚀的影响较为复杂。如 Bazzi 等[2]研究了 6063 和 3003 铝合金在 0.5mol/L 的 NaCl 溶液中的腐蚀行为，发现 3003 铝合金的腐蚀速率随温度的上升出现了先升后降的趋势，升高到 55℃时，腐蚀速率开始减小，到 65℃时，腐蚀速率降到与室温情况下相同；而 6063 铝合金却随着温度的升高，腐蚀速率反而降低。

3. 海水盐度

海水中的盐度通常在 3.2%～3.6%之间，在深海环境下，海水中的盐度约为 3.5%，变化幅度非常小，因此，可以认为盐度在整个海洋环境下对材料的腐蚀是一个常量。

盐度不同，溶液的电导率不同，另外 Cl^-的吸附将使材料的钝化膜发生局部破坏。除此之外，盐度还与溶液中氧的溶解度相关。如盐度低于 3%时，随盐度增加溶液电导率增加，腐蚀速率增加，而盐度高于 3.5%时，氧的溶解度及扩散速率降低，反而使腐蚀速率减小[3]。

4. 深海水压

随着水深的增加，静水压将增加，水深每增加 10m，水压将增加一个大气压。水压的变化会引起离子半径和金属离子水解程度的变化，且改变金属离子的活度以及金属配合物的组成。这些因素都可能改变电极的阴极过程和阳极过程。

5. 深海微生物

深海微生物的数量相比于近海或海洋表面较少，深海挂片往往观察不到大型微生物附着，如 Luciano 通过 SEM 观察，在挂片试样表面未发现生物污损的腐蚀破坏[4]，但也有挂片试样观察到了微生物的附着，特别是在沉于海底的金属表面如沉船的表面均有微生物的腐蚀[5-7]，且其附着微生物种类的复杂性不亚于近海或浅海生成的生物膜。由于微生物的附着及其生命新陈代谢活动，材料表面的腐蚀环境将发生改变，从而改变其腐蚀特征。因而，在进行深海工程材料选择时，微生物腐蚀也是一个必须考虑的问题。

1.1.2　影响材料应用的深海极端环境

极端环境(extreme environment)泛指存在某些特殊物理和化学状态的自然环境，包括高温、低温、强酸、强碱、高盐、高压、高辐射和极端缺氧等，适合在极端环境中生活的微生物称为极端微生物(extremophiles)。海洋极端环境一般是指与正常海洋环境截然不同的物理化学环境，主要包括海底热泉、海底冷泉和泥火山环境，其次还包括高盐度(卤水)、强酸化、缺氧和滞流等海洋环境。海洋极端微生物通常为化能自养生物(chemoautotroph)，在分类体系上属于细菌和古细菌类，生活在无光、无氧或少氧环境，能利用一些海底热催化反应过程中产生的还原性小分子(H_2、H_2S 和 CH_4 等)合成能量进行有机碳固定和新陈代谢，具有独特的基因类型、特殊生态群落、特殊生理机理和特殊代谢产物，有些属于内共生生物(endosymbiont)。此外，海洋极端微生物还为其环境内的宏体生物提供食物源，共同构成独特的海底极端环境食物链结构和生物群落。

海底热泉是地壳活动在海底反映出来的现象。它分布在地壳张裂或薄弱的地方，如大洋中脊的裂谷、海底断裂带和海底火山附近。大西洋、印度洋和太平洋都存在大洋中脊，它高出洋底约 3000m，是地壳下岩浆不断喷涌出来形成的。洋脊中都有大裂谷，岩浆从这里喷出来，并形成新洋壳。两块大洋地壳从这里张裂并向相反方向缓慢移动。在洋中脊里的大裂谷往往有很多热泉，热泉的水温在300℃左右。大西洋的大洋中脊裂谷底，其热泉水温度最高可达 400℃。在海底断裂带也有热泉，有火山活动的海洋底部，也往往有热泉分布。除大洋中脊有火山活动外，在大陆边缘，受洋壳板块俯冲挤压形成山脉的同时，往往有火山喷发，在它的附近海底也会有热泉分布。

海底热泉是一种非常奇异的现象(见彩图 1)：蒸汽腾腾、烟雾缭绕、烟囱林立，好像重工业基地一样，而且在“烟囱林”中有大量生物围绕着烟囱生存。烟囱里冒出烟的颜色大不相同，有的呈黑色，有的是白色的，还有清淡如暮霭的轻烟。

在海底，通过沉积物上升的热水液脉一般规模不大，热液场一般呈方圆不足数公里大小的斑点状分布。它们直接受海底火山活动的控制和影响。热液场的生物群按一定的规律分布，门类一级的生物组合以热泉为中心向四周呈带状分布。中心为热泉喷发点，水温高达 350℃，大量的硫化物或是汽化的热水喷发形成海底特有的“黑-白烟筒”景观(见彩图 2)。在水温稍低的热泉处，发现有多种适宜在 60℃(或 80℃)到 110℃温度之间生存的细菌和原菌，这些菌类贴附在沉积物表面，形成微薄的层状微生物菌席。它们属于非常原始的生物种类，其起源和海底火山活动的地质背景休戚相关。这类低级的菌被称作厌氧化合岩石自养或异养菌类。这些可能表明生命的发生和这种特殊的岩石自养耐热菌有关。

不同纬度、地形和深度的海洋，具有不同的物理及化学条件，因此造就了特色不一、各式各样的海洋生物。在1979年以前，许多科学家都认为深海海底是永恒的黑暗、寒冷及宁静，不可能有所谓的生命。但是在1979年，科学家首次在2700m的海底发现热泉，并观察到和已知生命极为不同的奇特生命形式，进而改变了对地球生命进化的认知。2000年12月4日，科学家又在大西洋中部发现另一种热泉，结构完全不同，他们把它命名为"失落的城市"，再度引发了科学家对海底热泉的研究热潮(见彩图3)。

另外，自1977年首次在东太平洋海隆的加拉帕戈斯群岛海域发现海底热液区以来，由于该区域丰富的生物和矿产资源，正引起各国科研人员的普遍重视，是深海研究与开发非常重要的一部分。虽然热液区只是深海中特殊的区域，不是某一种深海影响腐蚀的因素，鉴于该区域液体、气体成分的特殊性以及它们与腐蚀的密切相关性，同时，对热液区环境进行模拟与腐蚀也是本书的一部分重要内容，下面对热液区的液相、气相成分作单独的介绍。

到目前为止，人类已在全球海底发现了超过200多处类似的海底热泉系统，在各大洋包括大西洋、印度洋、太平洋、红海、北冰洋等发现了140余处热液活动区，它们主要集中于新生大洋地壳(洋中脊)或大陆裂谷盆地。而在活动大陆边缘如西太平洋弧后盆地-岛弧、海山也有广泛分布，包括高温(250～400℃)与低温(8～40℃)热液等多种类型。海底黑烟囱的形成过程为[8]：冷海水沿着洋壳的断裂、裂隙向下渗透，深度可达2～3 km，在下渗过程中氧和矿物脱离海水，并被加热，热源主要有3种：地壳深部的岩浆房、新生的热地壳或者玄武岩蛇纹石化放出的热量，淋滤出玄武岩中的多种金属元素(如铁、锌、铜、铅等)和硫化物，随后海水又沿着裂隙上升喷出，与冷海水混合，由于化学成分和温度的差异，形成浓密的烟囱，最后沉淀堆积成硫化物和硫酸盐组成的硫化物丘体。1978年美国的"阿尔文"号载人潜艇在东太平洋洋中脊的轴部采得由黄铁矿、闪锌矿和黄铜矿组成的硫化物，由此开始了现代海底热液烟囱的研究，1979年又发现了数十个冒着黑色和白色烟雾的烟囱。根据喷出热液的成分和温度，烟囱可以分为黑烟囱、白烟囱和黄烟囱。黑烟囱是高温型(＞300℃)，流体是以铜、锌、铁等金属的硫化物为主形成的烟囱体(含非常多的粒状磁黄铁矿和少量的闪锌矿、黄铁矿)；白烟囱是中、低温型(＜300℃)，流体是以硫酸盐和非晶硅为主，含少量金属硫化物。当烟囱生长到一定高度后，会发生孔道堵塞、风化和崩塌作用，形成烟囱碎屑丘体，随着烟囱不断倒塌堆积，基底丘体变得越来越大，逐渐形成块状硫化物堆积，这些堆积物包含金、铜、锌、铅、汞、锰、银等多种具有重要经济价值的金属矿产。因此，了解热液区的热液成分对于服役于该区域装备的选材具有重要意义。表1-1～表1-3列举了若干热液区的热液组成及气体种类和含量。

表 1-1　热液区气体组分[9]

热液区取样地点	取样年度	温度/℃	H_2/(mmol/L)	H_2S/(mmol/L)	CH_4/(mmol/L)	CO_2/(mmol/L·kg)	NH_3/(μmol/L·kg)
Hulk	1999	341	0.31	6.5	na	na	499
	2000	na	0.2	5.3	1.4	29	420
Dante	1999	350	0.52	13	na	na	529
	2000	341	0.29	8.3	1.4	26	442
S&M	2000	367	0.48	13	1.5	32	446
LOBO	2000	342	0.14	7.3	1.2	20.5	383

表 1-2　热液区液体组分及 pH 值[10]

热液区取样地点	温度/℃	pH	Na	Cl	Br	Mn/(μmol/kg)	Fe/(μmol/kg)	H_2S/(mmol/L)
Pika	330	2.86	456±7	602±3	nd	114	2740	0.001
Urashima	280	3.01	456±19	623±7	392	704	3380	8.3

表 1-3　热液区液体组分及 pH 值[11]

热液区取样地点	取样年度	温度/℃	pH	Na/(mmol/L)	Cl/(mmol/L)	Mn/(μmol/kg)	Fe/(μmol/kg)	H_2S/(mmol/L)
Menez Gwen 37°50′ N	1994	284	4.4	313	380	59	<2	<1.5
	1997	271	4.5	313	400	68	18	<1.5
Lucky Strike 37°17′ N	1994	185	3.4	344	413	77	70	0.6
	1997	324	5.0	444	554	450	920	3.4
Rainbow 36°14′ N	1997	365	2.8	553	750	2250	24000	1.0
TAG 26°N	1993	363	3.1	550	650	710	5170	3～4

从表 1-4 可以看出，热液区的气体组分包括 H_2、H_2S、CO_2、CH_4、NH_3，热液区液体的温度、组分在不同时间测试会有所变化，不同的热液区气体组分和成分有所不同，具体而言，pH 值变化范围在 1～7 之间，Cl^-浓度在 220～750mmol/L，H_2S 气体浓度变化范围为 0～20mmol/L，CO_2 含量基本处于 20～40mmol/(L·kg)，NH_3 含量基本为 400～500μmol/(L·kg)，而温度变化范围则比较大，就所列表中数据所示，温度变化在 150～400℃。

表 1-4　热液区液体组分及 pH 值[12]

热液区取样地点	热液口名称	温度/℃	pH	Na/(mmol/L)	Cl/(mmol/L)	Br	Mn/(μmol/kg)	Fe/(μmol/kg)	H_2S/(mmol/L)
Volcano Southern Mariana Arc	NW Rota-1	201	1.1	nd	nd	nd	114	2740	0.001
Southern Mid-Atlantic Ridge	Sisters Peak	400	nd	209	224	392	704	3380	8.3
	Red Lion	349	nd	480	552	873	730	803	nd
	Nibelun-gen	372	2.9	nd	567	894	962	5240	1.1
Central Indian Ridge	Kairei	365	3.4	530	620	970	857	6010	3.9
	Edmond	382	3.1	725	927	1390	1430	13900	4.8
Southern East Pacific Rise	Brandon	401	3.1	248	297	490	6970	429	7.9
	Brandon	368	3.2	451	558	880	12500	462	6.7

1.2　深海腐蚀研究现状

如前所述，深海的环境复杂，包括溶解氧、温度、盐度、压力等都会对材料的腐蚀行为造成影响。因此，要保证材料在深海服役环境下的安全性，就要对深海环境下材料的腐蚀性能进行研究和测试。一般来说，深海腐蚀的研究可分为实验室模拟实验和深海实际挂片实验。

1.2.1　深海腐蚀研究方法

实验室模拟实验较易开展，早期的深海模拟器主要是以压力为参数，用于研究材料、装置等在深海压力环境中的稳定性。1970 年前后，美国海军开始制造当时世界上最大的深海模拟器，其腔体直径 4.5m，长度 14m，容积 198m^3，可注水 200m^3。加压介质为水、海水、油三种，鉴于海水具有腐蚀性，在非必要情况下，一般采用油作为加压介质。压力从几百至 30000psi①可调，可以模拟 9000m 深的海底环境[13]。随着深海模拟器的发展，通过对制造材料的选取与控制，可实现压

① 1psi=6894.75Pa

力与温度参数的同时改变以模拟更苛刻的深海环境。例如，美国西南研究院制造的可变温度与压力的深海模拟器用于研究深海石油开采。其圆柱形腔体内径 16 英寸(1 英寸=2.54cm)，高 10 英尺(1 英尺=0.3048m)，壁厚 11 英寸，由抗拉强度 100000psi 的 3/4Ni-1/2Mo-1/3Cr-V 合金制造而成，可进行电化学性能测试、疲劳试验和应力腐蚀试验，可模拟 30000psi、260℃的深海环境。我国浙江大学陈鹰教授课题组采用钛合金制造的卧式深海模拟器，高压釜长 364mm，内径 20mm，壁厚 20mm，可实现 400℃、60MPa 的环境模拟，且具备开放、流动或封闭三种工作方式[14]。本书作者所在课题组自主设计，委托德国加工的深海模拟器可模拟深海 12000m 海深，将在后续章节进行详细描述。

深海模拟器的制造技术关键在密封结构设计、加工精度的控制及优良的高强耐蚀材料。大量实践证明钛合金、Hastelloy C 合金、Inconel 625 三种材料在海水中具有优异的性能，这类合金本身容易形成致密钝化膜，在海水中基本不会发生腐蚀，所以是目前深海模拟器常用的制造材料。

实验室研究工作虽然易于开展，其缺点在于模拟环境和实际的海洋环境往往相差较远，实际的深海环境包含许多因素，如水压、温度、pH 值、溶解氧以及洋流等等，所以实验室的结果可能和实海挂片的结果存在一定的偏差。因此，工业发达国家早在 20 世纪 60 年代就开始了材料的实际深海腐蚀试验研究，如美国怀尼米港试验站，苏联，日本北九州、别府试验点，荷兰赫尔德试验站等。试验装置可分为潜式试验装置、锚挂式试验装置两种，图 1-1 为美国海军于 1962～1970 年在加利福尼亚州怀尼米港外海太平洋海底进行全面材料腐蚀试验使用的潜式装置，深度为 762～1829m[15]。

如图 1-1 所示，腐蚀试样集中固定在一个巨大的试样框架上，在到达深海试验场后，将试验装置投放到海底海床上。回收时，通过声控释放装置断开海底的锚固物，由上浮标将连接绳带上来，通过吊钩最后提起试样框架。试样框架的投放和回收依靠作业船和缆绳。这种装置具有以下优点：试样框架受海流影响小，结构稳定，试样不会丢失，布放深度准确；试样框架尺寸大，可以一次投放较多数量的试样；浮标浮力要求小，体积小；易更换释放器和信号装置及内部电池。缺点在于装置对海底要求较高，要求平整，易出现吸底现象，所有的试样均在同一海深[16]。

锚挂式试验装置是苏联、印度、挪威等国家使用的腐蚀试验装置。以印度国家海洋技术研究所在印度洋开展的深度为 500～5100m 的海水腐蚀试验为例，其深海腐蚀试验装置结构如图 1-2 所示[17]。

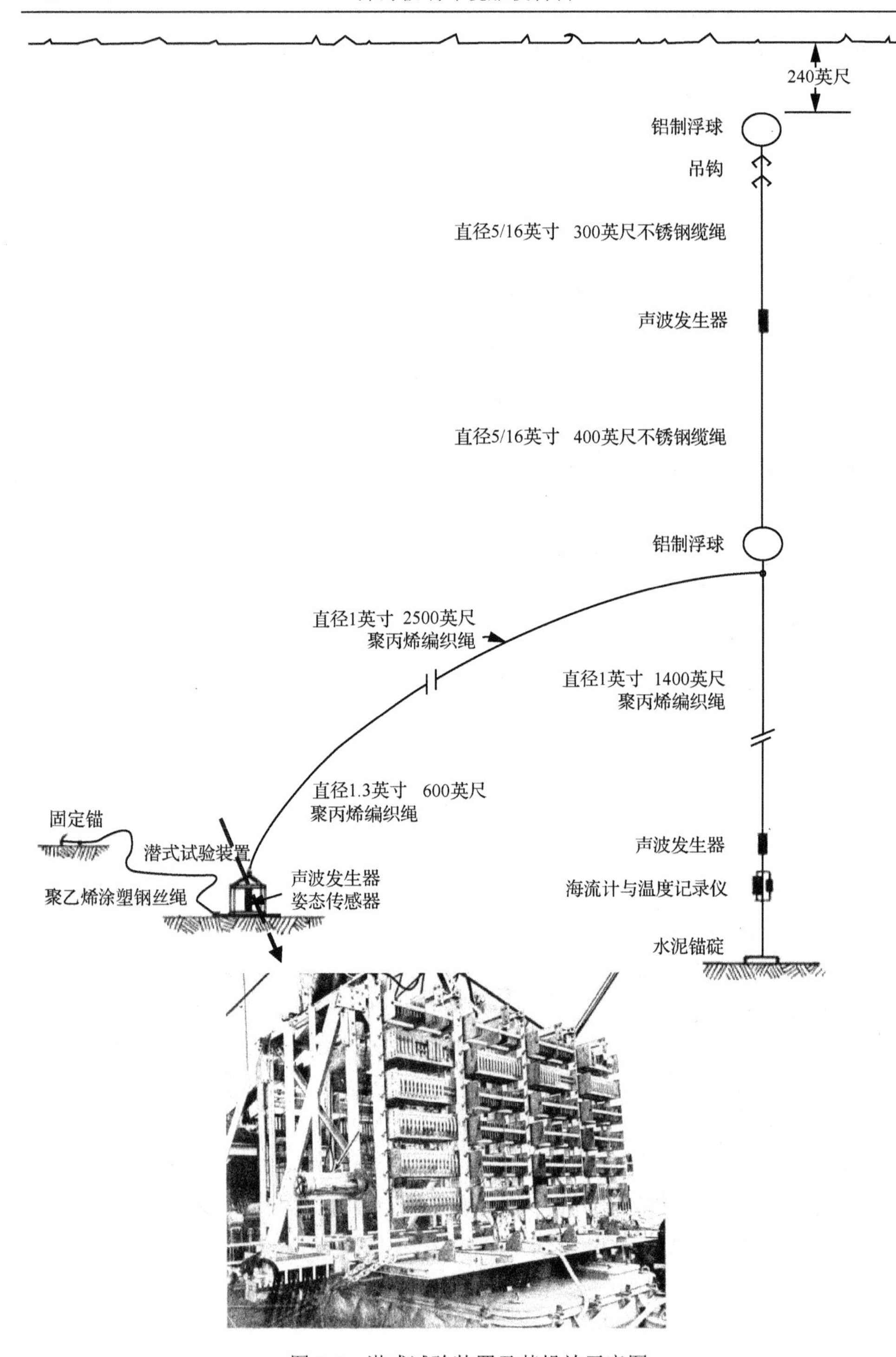

图 1-1　潜式试验装置及其投放示意图

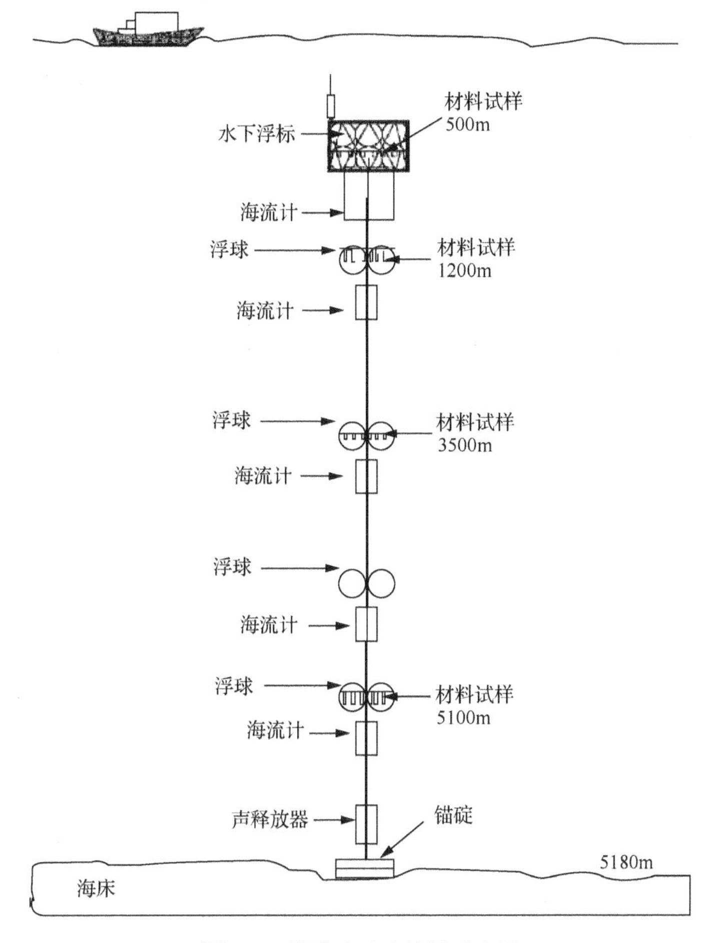

图 1-2　锚挂式试验装置示意图

该系统主要由多个玻璃浮球构成，每个浮球可提供 25kg 浮力，且能承受 60MPa 的压力。顶端及不同深度浮球的作用是使缆绳各段张力均匀，试样用绳索串挂在浮球上，缆绳是由直径为 12mm 的 Kevlar 纤维制成。投放时装置靠锚碇重力沉入海床。声释放器安装在锚碇上方，可以接受船上发出的声学信号释放锚碇，使锚挂系统浮出海面回收试样。此外，为了确保实验过程中金属试样相互不接触，采用尼龙绳和塑料对试样进行固定。锚挂式试验装置的特点是：同一试验场可做不同深度的海水腐蚀试验，试验效率也更高，对试验海底平整度要求不高，试样不会被海底沉积物覆盖，但试样受海流或洋流的影响可能出现大幅度地摆动，试样上浮容易，但试样数量容量小，且绳索固定不如螺栓固定牢固。

2008 年，我国材料环境腐蚀国家野外科学观测研究站网深海锚挂式腐蚀试验装置在南海海域投放，深度分别为 500m、800m、1200m，装置主要由浮球、声释放器、锚碇、缆绳、试样片组成，其中某些浮球中装有电池、记录器等仪器[18]。

对比实验室模拟装置，实际海洋挂片实验的结果具有更好的说服力，可获得最直接的深海工程材料所需的腐蚀数据，其缺点在于投资巨大，且由于实验周期较长，受较多因素的影响，投放有可能失败，而造成巨大损失。在分析腐蚀机理时，因影响因素太多，存在较大的困难，而实验室模拟条件虽然和实际海况有较大差别，但有利于我们分析单一因素对腐蚀的影响，投入较少。

1.2.2　材料深海腐蚀研究现状

基于以上两种实验方法，各国科研工作者对各种材料的深海腐蚀做了大量的工作。

由于人们对材料在深海环境中的腐蚀情况知之甚少，许多研究机构对各种材料进行了大量、长时间的实海挂片实验。1962～1970 年，加利福尼亚的海军工程中心(Naval Construction Battalion Center)在怀尼米港的西南方向 81 海里及西部方向 75 海里对 475 种合金材料、20000 多种试样进行了挂片实验，试样包括钢、铸铁、不锈钢、铜、镍、铝等多种材料，挂片深度分别为 762m 和 1829m。实验结果表明，除了铝合金(深海中的点蚀深度加大及出现了缝隙腐蚀，而浅海挂片试样未出现缝隙腐蚀)外，水深对腐蚀的影响要么可以忽略，要么就是减轻了[19]。

Venkatesan 等将表面不会形成钝化膜的低碳钢浸泡于 500～5100m 深的海水 68 天后，发现深海中碳钢的腐蚀速率明显低于浅海表面碳钢的腐蚀速率，而在所有深海挂片试样中，500m 深处的腐蚀速率最低，归因于此处的溶解氧最小[20]。需要注意的是，不同的海域其溶解氧随水深的变化规律是不一样的，Venkatesan 进行试验的海域为印度洋，而我国南海实测数据显示，水深 750m 左右时海水中的含氧量最低，约为 2.5mg/L。

Beccaria 及其合作者发现 Al 及 6061-T6 铝合金随着水压的升高，发生局部腐蚀的倾向均有所增加，且 6061-T6 的点蚀深度增加，而由于 Mg-Al 氧化层的形成，总体上腐蚀倾向有所减少[21-24]。

实验室模拟方面，Yang 发现随着水压的增加，Ni-Cr-Mo-V 高强钢的腐蚀速率增加，极化曲线表明，阴极过程和水压的大小关系不大，而腐蚀电位负移，腐蚀电流加大[25]。通过腐蚀形貌的观察及压力的有限元分析，认为水压将使得点蚀更易于向点蚀周边轮廓的法向方向扩展，进而使得相邻的点蚀相互连通并由此发展为全面腐蚀，而点蚀的深度则与水压关系不大[26]。和实海挂片相比，除了模拟试验易于开展、投入较少外，另一明显的优点就是可以方便地进行在线电化学方法的测试，对于深入研究腐蚀机制有很大的帮助。

关于深海微生物腐蚀，由于深海微生物的取样、保种、培养等方面需要较高的技术水平，因此这方面的研究报道较少，但就微生物腐蚀机制及其和局部腐蚀的关系，则有较多的文献报道。如 Maha Mehanna 等选择低碳钢 1145，铁素体钢 403 和奥氏体钢 304L 和 316L，*Geobacter sulfurreducens* 为腐蚀菌种，通过腐蚀开路电位的检测，发现浸泡数小时后，1145、403、304L 表面电位正移了 300mV，而 316L 表面的电位正移较少，开路电位(OCP)的正移和细菌的富集相关，但最终腐蚀电位的值由材料的特性决定，这表明 *G. sulfurreducens* 的附着导致了直接的阴极反应，可直接从材料攫取电子，增强了铁素体钢和低碳钢的局部腐蚀，而 300mV 的电位正移还不足以使奥氏体钢腐蚀，反而延迟了 304L 点蚀的出现，但由于在高电位下细菌可氧化乙酸盐，极化后发现点蚀只出现在微生物富集密度最多的金属表面[27]；Chongdar 等选择 *A. eucrenophila* 在 Ni-Cu 合金表面进行试验，极化曲线分析表明，细菌附着后极化曲线发生了偏移，5h 后腐蚀电位发生了正移，腐蚀电流增加，EDS 表明，表面有明显的 NiO 和 CuO 产物[28]，而之前 Iverson 提出，由于铜对微生物的毒性，Ni-Cu 合金具有防生物腐蚀的性能[29]，两者观点的不一致也说明了微生物腐蚀机制的复杂性；Nercessian 研究 *Pseudomonas fluorescens* 对铜的腐蚀，通过检测微生物膜生长过程中 DNA 和 RNA 量随时间的变化关系，RNA/DNA 的比例表征微生物新陈代谢的状态，结合极化曲线和阻抗谱的检测，分析了微生物代谢过程与腐蚀速率的关系，认为微生物的呼吸加速了铜的腐蚀[30]；Bhaskar 等研究发现微生物的胞外分泌物对重金属离子可选择性地固定，每毫克 EPS 固定的 Cu^{2+}要多于 Pb^{2+}，在酸性溶液中要更多地吸收 Cu^{2+}和 Pb^{2+}。然而，随着溶液 NaCl 浓度的升高，微生物对 Cu^{2+}和 Pb^{2+}的吸收要减少；Bevilaqua 通过对 Cu_5FeS_4 电极在 *Acidithiobacillus ferrooxidans* 培养液中浸泡不同时间段的电化学噪声检测，对电压均值，噪声电流均值，噪声电压、电流的标准偏差，噪声电阻进行分析表明，细菌的生物活动引起这些参数的明显变化[31]。赵晓栋等取青岛胶州湾海底泥中的 SRB 进行富集培养，作为实验用菌种研究其对 Q235 的腐蚀影响，研究表明，硫酸盐还原菌首先在钢表面附着，随着细菌生命代谢活动的进行，最初的腐蚀产物由球形的(水合)氧化铁转化为海绵状的球形铁硫化物；牛桂华等[32]用自腐蚀电位、电化学极化曲线、电化学阻抗谱技术研究了 316 不锈钢在无菌培养基介质和海水微生物接种培养有菌培养基介质中不同周期的腐蚀行为，表明了海洋微生物的附着和繁殖加速了 316 不锈钢的腐蚀速率，降低了其在海洋环境中的耐蚀性。

以上对实海挂片腐蚀、实验室深海模拟腐蚀研究现状作了简要的介绍。深海挂片侧重于某一海域实际海深下各腐蚀因素对腐蚀的综合影响，模拟研究主要考虑某一腐蚀因素外加水压对腐蚀的影响，常压下上述腐蚀因素的影响已有众多的研究，在此不再赘述。

1.3 小　结

本章主要阐述了深海的主要环境因素，以及对深海服役材料腐蚀性能的影响，从本章的描述中可以看出虽然深海环境复杂，但实际和材料腐蚀性能相关的因素并不是很多，这也是为什么很多研究学者认为深海腐蚀“不值得”去研究的原因。但在实际应用过程中，人们发现材料在深海环境下的腐蚀规律很多发生了改变，甚至无法用传统的电化学理论去解释，随着我国海洋战略的深入，深海逐渐成为未来能源开发的“战略高地”。2017 年 7 月 9 日，位于我国南海北部神狐海域的第一口天然气水合物，即可燃冰的试采井正式关井。这也标志着我国首次天然气水合物试开采取得圆满成功。但是，如果无法建立一套完整的深海服役材料的腐蚀评价体系，那将严重影响深海装备的安全性和可靠性，从而成为深海战略发展的“瓶颈”。

参 考 文 献

[1] 郭为民, 李文军, 陈光章. 材料深海环境腐蚀试验. 装备环境工程[J], 2006, 3(1): 10-15

[2] Bazzi L, Salghi R, Alami Z E, et al. Comparative study of corrosion resistance for 6063 and 3003 aluminium alloys in chloride medium[J]. Rev.Metal. Cahiers D. Inform. Tech., 2003, 100(12): 1227-1231

[3] 侯健, 郭为民, 邓春龙. 深海环境因素对碳钢腐蚀行为的影响. 装备环境工程[J], 2008, 5(6): 82-84

[4] Luciano G, Letardi P, Traverso P, et al. Corrosion behavior of Al, Cu, and Fe alloys in deep sea environment. Metal, 2013,105(1): 21-29

[5] Venkatesan R, Dwarakadasab E S, Ravindrana M. Biofilm formation on structural materials in deep sea environments. Mater.Sci., 2003(10): 492-497

[6] Liu Tao, Cheng Y. Frank. The influence of cathodic protection potential on the biofilm formation and corrosion behaviour of an X70 steel pipeline in sulfate reducing bacteria media.Journal of Alloys and Compounds,2017 (729):180-188

[7] Bellou N, Pa Pathanssiou E, Dobretsov S, et al. The effect of substratum type, orientation and depth on the development of bacterial deep-sea biofilm communities grown on artificial substrata deployed in the Eastern Mediterranean. Biofouling, 2012, 28(2): 199-213

[8] 冯军, 李红梅, 陈征, 等. “海底黑烟囱”与生命起源述评. 北京大学学报(自然科学版), 2004, 49(2): 318-325

[9] Jeffrey Seewald, Anna Cruse, Peter Saccocia. Aqueous volatiles in hydrothermal liquids from the Main Endeavour Field, northern Juan de Fuca Ridge: temporal variability following earthquake activity. Earth and Planetary Science Letters, 2003(216): 575-590

[10] Kentaro Nakamura, Tomohiro Toki, Nobutatsu Mochizuki, et al. Discovery of a new hydrothermal vent based on an underwater, high-resolution geophysical survey. Deep-Sea Research I, 2013 (74): 1-10

[11] Douville E, Charlou J L, Oelkers E H, et al. The rainbow vent fluids (36°14′N, MAR): The influence of ultramafic rocks and phase separation on trace metal content in Mid-Atlantic Ridge hydrothermal fluids. Chemical Geology, 2002(184): 37-48

[12] Rachael H. Jame, Darryl R.H. Green, Michael J Stock, et al. Composition of hydrothermal fluids and mineralogy of associated chimney material on the East Scotia Ridge back-arc spreading centre. Geochimica et Cosmochimica Acta, 2014(139): 47-71

[13] Allnutt R B. Deep sea simulation facilities present status 1972. Naval Civil Engineering Laboratory, Technical Report 4067

[14] 李世伦. 深海超临界高温高压极端环境模拟与监控技术研究. 杭州: 浙江大学博士论文, 2006: 5-37.

[15] Muraoka J S. Deep-ocean biodeterioration of materials - part VI. one year at 2370 feet. U.S. Naval Civil Engineering Laboratory, Technical Report R-525

[16] 许立坤, 李文军, 陈光章. 深海腐蚀试验技术. 海洋科学, 2005, 29(7): 1-3

[17] Venkatesan R, Venkatasamy M A, Bhaskaran T A, et al. Corrosion of ferrous alloys in deep sea environment. British Corrosion Journal, 2002, 37(4): 257-266

[18] 邓春龙. 深海腐蚀研究试验装置成功投放. 装备环境工程, 2008, 5(5): 95

[19] Reinhart F M. Corrosion of metals and alloys in the deep ocean. Report Number TR-834, Civil Engineering Laboratory. Naval Construction Battalion Center, 1976: 265

[20] Venkatesan R, Venkatasamy M A, B haskaran T A, et al. Corrosion of ferrous alloys in deep sea environments. Corros., 2002(37): 257-266

[21] Beccaria A M, Poggi G. Influence of hydrostatic pressure on pitting of aluminium in seawater. Corros., 1985(20): 183-186

[22] Beccaria A M, Poggi G. Effects of some surface treatments on kinetics of aluminium corrosion in NaCl solutions at various hydrostatic pressures. Corros., 1986(21): 19-22

[23] Beccaria A M, Poggi G, Arfelli M, et al. The effect of salt concentration on nickel corrosion behavior in slightly alkaline solutions at different hydrostatic pressures. Corros.Sci., 1993(34): 989-1005

[24] Beccaria A M, Poggi G, Castello P. Influence of passive film composition and sea water pressure on resistance to localized corrosion of some stainless steels in seawater. Corros., 1995(30): 283-287

[25] Yang Yange, etc. Effect of hydrostatic pressure on the corrosion behaviour of Ni-Cr-Mo-V high strength steel. Corros. Sci., 2010(52): 2697-2706

[26] Yang Yange, Zhang Tao Shao yawei, et al. New understanding of the effect of hydrostatic pressure on the corrosion of Ni-Cr-Mo-V high strength steel. Corros. Sci., 2013(73): 250-261

[27] Nalan Oya San, Hasan Nazır, Gonul Donmez. Microbial corrosion of Ni-Cu alloys by *Aeromonas eucrenophila* bacterium. Corros. Sci., 2011(53): 2216-2221

[28] Chongdar S, Gunasekaran G, Kumar P. Corrosion inhibition of mild steel by aerobic biofilm. Electrochim. Acta, 2005(50): 4655-4665

[29] Little B, Wagner P, Mansfeld F. Microbiologically influenced corrosion of metals and alloys. Int. Mater. Rev., 1991(36): 253-271

[30] Taeyoung Kim, Junil Kang. Influence of attached bacteria and biofilm on double-layer capacitance during biofilm monitoring by electrochemical impedance spectroscopy. Waterresearch, 2011(45): 4615-4622

[31] Bevilaqua D, Acciari H A, Benedetti A V, et al., Electrochemical noise analysis of bioleaching of bornite (Cu_5FeS_4) by *Acidithiobacillus ferrooxidans*. Hydrometallurgy, 2006(83): 50-54

[32] 牛桂华, 尹衍升, 常雪婷. 海洋微生物对 316 不锈钢的电化学腐蚀行为. 化学研究, 2008, 19(3): 83-90

第2章　深海极端环境下的微生物及实验室培养

引　　言

海洋约覆盖了地球表面积的3/4，平均水深约为3800m，最深处可达约11000m(马里亚纳海沟)。通常深度每下降100m，压力增加1MPa，海底的平均压力为38MPa，最大压力可达110MPa。深海通常是指水深超过1000m的区域，占据世界海洋75%的体积，随着深度的增加，温度逐渐下降，最终稳定在3℃左右，因此深海是一个黑暗、高压、寡营养及低温(但海底热液口温度可达400℃甚至更高)的极端环境[1]。深海微生物是指生活在高温、寒冷、高酸、强碱、高盐、高压或高辐射强度等深海环境中的微生物资源的总称，主要包括嗜热微生物、嗜冷微生物、嗜酸微生物、嗜碱微生物、嗜盐微生物和嗜压微生物等。深海微生物在极端环境下生存繁衍，形成了独特的基因类型、特殊的生理机制及代谢产物，是无可替代的生物基因资源库，具有重要的科研价值和经济价值，在生物医药、食品保健品、环保产业、海洋防腐、冶金和化学工业等诸多产业部门具有广阔的应用前景。深海生物圈是地球上最大的生物圈之一，在深海的热液口(火山喷发)和冷泉区(甲烷渗漏)存在有不依赖于光合作用的独特生态系统，许多极端微生物通过16SrRNA序列的比较鉴定为古菌，也有部分极端微生物属于最原始的细菌种类，它们在进化树上的位置可能位于根部[2]。极端微生物具有独特的基因类型、特殊的生理机制以及特殊的代谢产物，作为地球上的边缘生命现象，极端微生物颇为耐人寻味。它在生命起源、系统进化等方面将给人们许多重要的启示，在生命行为的原理上也将拓展人们的概念[3-5]。随着大洋钻探等国际综合研究计划的推进，在地壳下2km处的样品中都发现了生命的痕迹[6]。对深海嗜压微生物的研究，有助于阐明微生物适应高压环境的机制。同时，深海微生物在适应环境的过程中，进化出独特的代谢途径，能产生特殊的代谢产物，具有潜在的应用价值。深海嗜压微生物的极端环境生存策略还提高了对生命适应极端环境的认识和理解，有利于探索生命的起源及生命的演化等理论问题。此外，深海嗜压微生物在全球物质循环中也发挥着重要作用。

1977年，美国“阿尔文”号深潜器在加拉帕戈斯群岛发现“海底生命绿洲”[7]，开启了人类研究深海生物的新时代。20世纪90年代以来，以美国、日本、德国等为主的世界发达国家纷纷从基因水平上对深海微生物资源进行研究，启动了各自的研究计划，取得了许多重要研究成果。越来越多的研究表明，深海蕴藏着种类繁多、数量庞大、性质独特的生物资源，其中微生物是最主要的一类资源。据估算，仅海底沉积物顶部 10cm 空间内就含有约 4.5 亿 t DNA，是地球上最大的基因储库[8]。因此，要研究深海环境下的服役材料，深海生物作为环境因素中最为特殊的组成部分，需要我们不断去探究。

2.1　深海生物圈

2.1.1　深海热液区生物群

在深海热泉泉口附近均会发现各式各样前所未见的奇异生物，包括大得出奇的红蛤、海蟹、血红色的管虫、牡蛎、贻贝、螃蟹、小虾，还有一些形状类似蒲公英的水螅生物(见彩图 4)。即使在热泉区以外，如荒芜沙漠的深海海底，仍出现了蠕虫、海星及海葵这些生物。

热泉生物能够生存完全是依靠化学自营细菌的初级生产者。在黑烟囱喷出的热液里富含硫化氢，这样的环境会吸引大量的细菌聚集，并能够使硫化氢与氧作用，产生能量及有机物质，形成“化学自营”现象。这类细菌会吸引一些滤食生物，或者是形成能与细菌共生的无脊椎动物共生体，以氧化硫化氢为营生来源，一个以“化学自营细菌”为初级生产者的生态系统便形成了。

在东太平洋海底，有一条长长的地壳活动带，发现有许多的海底热泉。有些热泉在冒出地面时会在出口处形成烟囱似的石柱。从“石头烟囱”里冒出来的热液，温度常能超过一百摄氏度。就是在这样的沸水环境里，在这些冒着沸水的烟囱外壁上，生活着一种毛茸茸的软体动物，专家们叫它为“庞贝蠕虫”(*Alvinella pompejana*)。它们用分泌物自石头烟囱的岩基上堆起一条细长的管子，就像珊瑚虫一样，身体就蛰居在里面，生物学家通过水下仪器及摄像机看到，这些蠕虫有时会爬出管子而在四周游荡。1995 年 11 月至 1996 年 4 月，美国生物专家利用著名的深海潜水器“阿尔文”号下潜到海底，仔细查看了 3 根冒着热液的“海底烟囱”：它们为高 5～7m、外壁上密密地长满了庞贝蠕虫的白色石管，观察人员用一根特制的温度计伸进石管测量了温度，结果发现，在管口温度是 20～24℃，而在管底，也就是贴在烟囱壁处的石底部为 62～74℃，最高值测到 81℃。于是了解到，这种体长 6～8cm 的蠕虫，居然生活在头尾温差高达 40～50℃(最高达到 60℃)的管子里。另外，蠕虫们还时不时地来到“室外”，在离它们的“居室”约 1m 的范围内游荡，而在 1m 处的水温已接近海底冷水，只有 2℃左右。作为对照，专家们还测量了已被遗忘的空石管，这些空管，口、底的温度与有蠕虫生活的“居室”

并无二致。证明这些庞贝蠕虫既没有自身的“隔热服”，也没有什么用“冷却水”降温的本领，它们确确实实地既不怕热也不怕冻，是目前所知地球上最耐高温、最耐温差的动物。

在整个海底热泉区中生物门类之丰富令人惊讶。其中最引人注意的是一类属于环节动物门多毛纲(Polychaeta)的蠕虫动物(见彩图 5)。在热泉的周围发现一种球形结构的新型蠕虫类(*Pompeii*)，热泉的水温可高达 250℃，而这种蠕虫生存的水体温度介于 250℃之间。它们是一种适宜较高水温的多毛类新亚科。在水温 2～15℃范围之间，生物门类大大增加，多毛类中最经常发现的是一种新的管状蠕虫(*Vestmetifera*)，这种管状蠕虫迄今发现两个科，即 Rifitiidae 和 Lamellebrachia，它们也是海底特有的热泉环境生物中的全新代表。仅在加拉帕戈斯海底发现的这两个多毛类属就包括 6 个以上的种。这些管状蠕虫呈簇状集聚，栖管最长可达 1m。除了多毛类动物本身，和它共生的最丰富的生物门类就是双壳类。而这些多毛类和双壳类都依赖在其体内共生的细菌进行生物化学反应，将无机碳还原成有机碳、无机氮还原成有机氮以维持生命。所以，贴附在沉积物表面的细菌、底栖双壳类和多毛类构成热泉区的独特的生命景观。

总之，海洋微生物以其敏感的适应能力和快速的繁殖速度在发生变化的新环境中迅速形成异常环境微生物区系，积极参与氧化还原活动，调整与促进新动态平衡的形成与发展。从暂时或局部的效果来看，其活动结果可能是利与弊兼有，但从长远或全局的效果来看，微生物的活动始终是海洋生态系统发展过程中最积极的一环。

前面所提到的硫细菌密密麻麻地分布在“黑烟囱”表面，是热液生物群生存的基础，但这种细菌不仅仅出现在热液区，在深海海底以下数百米处也能存活，构成了“深部生物圈”。早在 20 世纪 20 年代，就有人提出，油田地层水中的硫化氢与重碳酸根可能是地层中细菌还原硫酸根的产物；第二次世界大战后，也有人对海底以下沉积层中的微生物进行过研究。但几十年来一直以为地下深处发现的微生物无非是地下水采样时的污染，而生物的活动只能限于接近地表或海底的沉积中。直到 20 世纪 70 年代末和 80 年代初，美国地质调查局和环境保护局在调查地下水的质量时，需要能源部确定埋藏核物质地下设置的安全程度，才开始认真对待地下微生物群存在与否的问题。在陆地上的钻探表明，在地下 2800m、地温已高达 75℃的深处还有细菌存活，而在北海海底 3000m 深处的油田和阿拉斯加北陆坡的油井中，也都发现有热液细菌生存，能够适应上百摄氏度的高温(见彩图 6)。现在洋底以及大陆的大部分钻井中都已经发现这种细菌和微生物的存在，而且有不少属于共同类型，这意味着地下深部生物圈应当是横跨海陆，具有全球规模。

人类对深海海底的了解，并不比月球、火星了解得更多。虽然有众多的考察航次，或者通过取样甚至深潜的直接方法，或者借助间接的物理手段进行考察，但仍免不了沧海一粟或者雾里看花的缺陷。从海底的地震源区到热液活动区，都亟须进行长期连续、而不是瞬间短暂的观测。因此近十余年来，做出了种种努力将观测点布置到海底这些处于极端环境的区域。

2.1.2　深海极端环境微生物

深海的概念通常指 1000m 以下的海洋，占海洋总体积的 3/4，而其中深海沉积物覆盖了地球表层的 50%以上。深海及深海沉积物中的微生物生存面临高压，低温或高温、黑暗及低营养水平等几个主要极端环境，长期以来一直被认为是一片“荒芜的沙漠”，却存在着一些生长在高温、低温、高酸、高盐或高压等极端环境下的微生物。例如嗜热菌、嗜冷菌、嗜酸菌、嗜盐菌或嗜压菌等，它们被称为海洋极端环境微生物或简称极端微生物。

嗜热菌(120℃以上)广泛分布在草堆、厩肥、温泉、煤堆、火山地、地热区土壤及海底火山附近等处。在湿热草堆和厩肥中生活着嗜热的放线菌和芽孢杆菌，它们的生长温度为 45～65℃，嗜热菌的代谢快、酶促反应温度高和增代时间短等特点是中温菌所不及的，对深海材料的附着腐蚀将会产生严重后果。

嗜冷菌(0℃左右)分布在南北极地区、冰窖、高山、深海等低温环境中。嗜冷菌可分为专性和兼性两种，专性嗜冷菌对 20℃以下的低温环境有适应性，20℃以上即死亡，如分布在海洋深处、南北极及冰窖中的微生物；兼性嗜冷微生物易从不稳定的低温环境中分离得到，其生长的温度范围较宽，最高生长温度甚至可达 30℃。

嗜酸菌(pH 3 以下)分布在酸性矿水、酸性热泉和酸性土壤、海底高硫火山口等处，极端嗜酸菌能生长在 pH 3 以下的环境中。如氧化硫杆菌的生长 pH 范围为 0.9～4.5，最适 pH 为 2.5，在 pH 0.5 下仍能存活，能氧化产生硫酸(浓度可高达 5%～10%)。氧化亚铁硫杆菌是专性自养嗜酸杆菌，能将还原态的硫化物和金属硫化物氧化成硫酸，还能把亚铁氧化成高铁并从中获得能量。

嗜压菌(500 个大气压以上)仅分布在深海底部和深油井等少数地方。嗜压菌与耐压菌不同，它们必须生活在高静水压环境中，而不能在常压下生长。例如：从深海底部压力为 101.325MPa 处，分离到一种嗜压的假单胞菌；据报道，有些嗜压菌甚至可在 141.855MPa 的压力下正常生长。压力是深海微生物生长的一个重要理化参数，嗜压微生物在全球各大水体均有分离，实验表明，在超过 2000m 水深的环境中，更容易分离到嗜压微生物。比较目前分离到的嗜压微生物生长特性与取样参数可发现，从深海低温环境中得到的往往是嗜压/嗜冷细菌，而分离自深海热液环境的嗜压微生物通常是嗜压/嗜热古菌。已报道的嗜压细菌主要分布于 γ-变形菌类群中 *Photobacterium*、*Shewanella*、*Colwellia*、*Psychromonas*、*Moritella* 及 *Thioprofundum* 等属，及部分 α-变形菌类群及 δ-变形菌类群。而深海嗜压古菌主要来源于热球菌属(*Thermococcus*)、火球菌属(*Pyrococcus*)和甲烷球菌属

(*Methanococcus*)。根据嗜压菌的最适生长温度，可以分为 4 类[9]：低温嗜压菌(＜15℃)、中温嗜压菌(15～45℃)、高温嗜压菌(45～80℃)及超高温嗜压菌(＞80°C)。通常，低温嗜压菌的最适生长压力低于其分离地点的压力，而高温嗜压菌的最适生长压力则高于其分离地点的压力，而且对高温嗜压菌而言，提升培养压力往往可以提高其耐受温度的上限[10]。

由于研究嗜压菌需要特殊的加压设备，特别是不经减压作用，将大洋底部的水样或淤泥转移到高压容器内是非常困难的，于是使得对嗜压菌的研究工作受到一定限制，有关嗜压菌和耐压菌的耐压机制目前还不清楚。因此，开展深海嗜冷菌、深海嗜热菌、深海嗜压菌等微生物附着条件下的材料腐蚀机制具有更大的挑战性和创新性。

2.1.3 深海沉积物中的微生物

深海沉积物主要是由上层海水中的颗粒物沉降到海底并不断堆积而形成的，覆盖了近乎整个海底，厚度从新形成洋壳上部几厘米的空间，到大陆边缘和深海沟的几千米不等[11]。海洋沉积物中的化学反应和运输主要通过扩散进行，当然，在一些流体活跃的位点如甲烷渗漏区和泥火山也存在物质的平流运输。由于受到技术条件的限制，当前深海沉积物中生命的研究主要集中在有机物含量丰富的大陆架边缘的表层沉积物(沉积物厚度＜1m)，并已经获得了大量的微生物群落组成与多样性方面的数据[12]。而随着深海采样装备的发展，科学家逐渐有机会接触到广阔的深海平原(约占陆地面积的 80%)和海底以下几百米到几千米的深部环境[13-15]。总体来说，深海沉积物中微生物含量的多少与沉积物中的有机物含量和距离大陆板块的距离有关[16,17]，栖息在沉积物中的微生物以异养微生物为主。

在大陆架边缘的表层沉积物中，强烈的化学梯度和高浓度的有机物保证了微生物高的细胞活性，微生物含量在 10^8～10^9cells/cm^3[18]。随着沉积物深度增加，能源物质和营养元素浓度逐渐减少并趋于稳定，微生物的含量和细胞活性缓慢下降，在 100m 内微生物含量保持在 10^6～10^7cells/cm^3[19]。而在远洋的深海平原区域，沉积物中微生物含量比大陆架边缘低2～3个数量级。D'Hondt等[20]在South Pacific Gyre深海平原表层沉积物中检测到的微生物含量更低，仅为 10^3～10^4cells/cm^3。但是，由于广阔的深海平原蕴含了地球上 1/10～1/2 的微生物含量[21]，是研究碳、氮等元素的生物地球化学循环和生命起源的场所，也是当前海洋微生物生态学研究的热点之一[22-26]。

沉积物中的微生物群落组成随着氧浓度、温度、营养元素的种类和含量以及沉积物的深度等物理化学参数的变化而各不相同。有氧的表层沉积物微生物的多样性相对较高，总体来说，主导细菌类群有 α-变形菌(Alpha proteobacteria)，δ-变形菌(Delta proteobacteria)，γ-变形菌(Gamma proteobacteria)，酸杆菌(*Acidobacteria*)，双歧放线菌(*Actinobacteria*)，以及浮霉菌(*Planctomycetales*)[27-30]。在冷泉区，甲烷氧化和硫酸盐还原是主导的代谢途径，因此硫酸盐还原菌 δ-变形菌和甲烷氧化菌 ANME 是主导微生物[59]。对于深层沉积物而言，有机物含量丰富的区域细菌类群 OP9/JS1 的含量较高，在有机物含量较低的区域则是绿弯菌(Chloroflexi)和变形菌(Proteobacteria)相对含量较高[31-34]。而对于高温的沉积物来说，表层和深层的沉积物群落结构一致，ε-变形菌(Epsilon proteobacteria)含量较高，微生物的群落结构与深海热液区域的微生物组成类似[35, 36]。

深海沉积物中的古菌含量丰富，但与这些古菌 16SrDNA 序列有较好亲缘关系的多数类群一般尚无培养菌株。近年来，随着深海钻探和采样技术的发展，辅以高通量测序、宏基因组技术、rRNA 基因和功能基因研究，我们逐渐认识了一些主要的古菌类群。海洋底栖古菌群 B 组(MBG-B)被发现是许多采样点和沉积物样品的古菌 16SrRNA 克隆文库中的主要类群[37]。MBG-B 古菌最初是在深海沉积物的表层[37]及热液口[38]发现的，之后，人们又在其他热液口[39]低温沉积物表层[40]甚至冷泉区的表层沉积物中[41, 42]，都发现 MBG-B 是主要的古菌群落。

总体上讲，随着分子生物学技术的不断发展和进步，过去 30 年我们对沉积物中微生物尤其是微生物多样性的认识取得了巨大的飞跃，然而我们对微生物尤其是未培养微生物的生物地球化学作用的认识仍然非常有限，才刚刚开始。深入认识和了解沉积物中微生物多样性、分布与环境的相互作用关系，揭示未培养微生物的生态学功能和生理特征还有相当长的路程。在全球范围内将微生物多样性与功能及地球化学作用相互联系仍然面临巨大的挑战。

2.1.4　北极地区深海微生物

相关研究表明，北极地区深海微生物存在丰富的多样性。例如在近太平洋的北极深海沉积物中，细菌群落由变形菌(Proteobacteria)、酸杆菌(Acidobacteria)、拟杆菌(Bacteroides)、绿弯菌(Chloroflexi)、放线菌(Actinobacterium)等 13 个门及暂时无法鉴定归类的类群组成，其中优势种群是 γ-变形菌(Gamma proteobacteria)等变形细菌[43, 44]。对楚科奇海、白令海等海区深海沉积物的微生物多样性研究发现，细菌群落组成涵盖的门类情况大体相似，但优势种群往往各有不同[45, 46]。在北极点附近 3500m 深的深海沉积物中，硫还原细菌和化能自养细菌是优势细菌种群，其中变形菌、拟杆菌和绿弯菌分别占细菌群落的 47.25%、46.02%和 3.34%。甲烷氧化奇古菌(Thaumarchaeota)和产甲烷广古菌(Euryarchaeota)是该站点的古菌优势种群，分别占 96.66%和 3.21%[47]。在北冰洋扩张脊玄武岩中发现了 γ-变形菌等分属 8 个门的细菌和 Marine Group I(MGI)泉古菌(Crenarchaeota)[48]。此外，对斯瓦尔巴特群岛附近沉积物的研究发现 Beggiatoa 硫细菌广泛存在。该菌在罕见生物圈十分常见，能够积累硝酸盐，研究发现其活性没有受到低温影响[49]。

多项研究表明北极地区深海微生物群落在宏观尺度上具有显著的空间差异化分布特征。在加拿大和格陵兰之间的Baffin湾的北部，大陆架沉积物中微生物丰度较高，深海海盆中部微生物较少，硫酸盐与硫酸盐还原基因(*dsra*)在分布上存在相关性。其中锰和铁是影响群落结构的主要地球化学参数，有机质的丰度是影响微生物多样性和丰度的重要因素[50]。根据2002～2006年连续5年对白海的研究，水体深部的微生物群落结构比较稳定，但沉积物中微生物参与碳、硫等元素循环的速率比楚科奇海、喀拉海海区偏低，例如表层沉积物中细菌的硫还原效率仅有18～260μg/(dm^3·d)[51]。在北冰洋洋中脊，深海古菌类群(DSAG)在来自52个界面的总群落中约占50%，甚至在个别界面群落全部由DSAG组成。环境因子分析表明该分布规律与有机碳、氧化铁及可溶性铁、锰密切相关，DSAG可能直接或间接参与铁、锰元素循环[52]。

北极地区深海微生物的差异化空间分布在局部环境中以成层分布的形式体现。在弗拉姆海峡水深1200～5600m的断面上，随着深度增加，海底表层沉积物中细菌生命力和丰度明显下降。在沉积物柱面上，从1cm表层到5cm深度，细菌生命力从20%～60%下降为10%～40%[53]。取自被冰面长年覆盖的罗曼诺夫海岭水深1200m处，长为428m的沉积物柱，从上到下可分为氨氧化、溶解有机碳和硫氧化3层。其中细菌群落分布显示出明显的逐层特征，而古菌只能在最底层检测到[54]。取自北冰洋洋中脊，长度为2m的沉积物柱中，微生物群落也展现出显著的成层分布特征，这一分布特征与总有机碳、铁、锰以及孔隙水中的硫酸盐浓度等环境因子存在显著相关性[52]。基于氢酶活性分析的研究表明罗曼诺夫海岭海底内部微生物氢酶活性只能在沉积物表面190m以下检测到，尤其在下层含有机碳多的环境中酶活较强，最大值出现在沉积物表面以下270m的位置，H_2代谢速率达80nmol/(g·min)[55]。在西伯利亚北极地区37～3427m深的海水中，细菌群落的酶活、氧消耗及矿化作用密切相关，表现出受可利用能源即腐殖质沉积流影响的成层分布特性[56]。对Baffin湾40个沉积物样品的高通量测序结果显示，在洋底沉积物表面以下0～4.7m，随着深度增加，微生物多样性表现出迅速下降的趋势[57]，主要原因可能是受有机质含量迅速下降的影响。

2.2　深海菌类及其实验室培养

深海环境下极端生物特征的研究也为生命极限的研究提供了良好的生物材料，并对外太空生命探索不断提供新的线索和依据。深海生物处于独特的物理、化学和生态环境中，在高静水压、剧变的温度梯度、极微弱的光照条件和高浓度的有毒物质包围下，它们形成了极为特殊的生物结构、代谢机制系统。由于这种极端的环境，深海生物体内的各种活性物质，特别是酶，具有高度的温度耐受性、高度的耐酸碱性、耐盐性及很强的抗毒能力。深海中位于生命体系金字塔底部的微生物，能直接利用深海火山口喷出的硫化物、氮化物、甲烷等低分子化合物作为食物和能源，合成各种生物大分子如蛋白质、糖等。那些在极端深海环境中生长并通常需要这种极端环境正常生长的微生物，必须在它们能够生存的一切物理、化学、地质环境中才能存活，涵盖了物理极端环境(如温度、辐射、压力、磁场、空间、时间等)、化学极端环境(如干燥、盐度、酸碱度、重金属浓度、氧化还原电位等)和生物极端环境(如营养、种群密度、生物链因素等)。除了发展、改进海洋微生物的分离培养方法获得新的海洋微生物，筛选活性物质外，应用基因组学研究方法，构建海洋微生物基因组文库。并通过研究、操作海洋微生物遗传基因，来获得新的海洋微生物活性物质，这是探索海洋特别是深海微生物资源，研究开发海洋新药物的必然而有效的选择，也是目前深海微生物资源开发的热点。深海微生物的采样、分离、培养方法与普通微生物有较大差别，需要特殊的仪器设备协助支持才能完成。

2.2.1 深海极端环境微生物的采集及鉴定

1979 年，美国 Yayanos 教授设计、改进了高压培养罐，并首先分离出深海嗜压菌；1989 年 Bartlett 首先分离出压力调控的外膜蛋白(OmpH)；1990～1994 年日本耗资七亿五千万日元研制深海微生物高温/高压培养系统，该系统的建设和深潜、采样系统的建设极大地推动了深海生物圈的研究进步；1999 年 Nogi 等从马里亚纳海沟分离、鉴定出极端嗜压菌 *Moritella yayanosii*；2003 年日本、美国等国相继展开了深海嗜压菌 *Shewanella violacea* DSS12 和 *Photobacterium profundum* SS9 全基因组测序；2005 年国际顶级期刊 *Science* 上发表 *P.profundum* SS9 全基因组序列及初步分析。目前的深海载人潜器下潜深度达到 6500m，无人缆控潜器 ROV 则可达到 11000m 水深，并获得最深处马里亚纳海沟深海沉积物样本，研究发现其微生物含量达到 10^3～10^4/g 的水平。实验室深海环境模拟也取得突破进展，已分离鉴定出嗜压、嗜碱、嗜酸、嗜盐、嗜冷、嗜热等极端微生物。目前国际上进行深海微生物研究的国家主要分布在欧洲、美洲及亚洲，其中美国、日本、德国和法国都是深海微生物研究的主力军。我国深海生物基因的系统研究起步时间较晚，从 21 世纪初开始主要得到了国家科学技术部和中国大洋专项的资助。中国大洋协会依托国家海洋局第三海洋研究所成立了中国大洋生物基因研究开发基地，研制、配备了一批船载和实验室深海微生物培养专用设备。在深海设备的支持下，真正意义的深海微生物研究得以开展。目前已经成功分离、鉴定出各类深海嗜压、嗜热、嗜冷、嗜盐、嗜碱、嗜酸微生物，从中发现了多个未经报道的新种。以此为基础，正在建设国内第一个深海微生物菌株资源库，克隆了多种深海极端酶基因，进行了基因表达和分析[8]。深海热液采集器如图 2-1 所示。

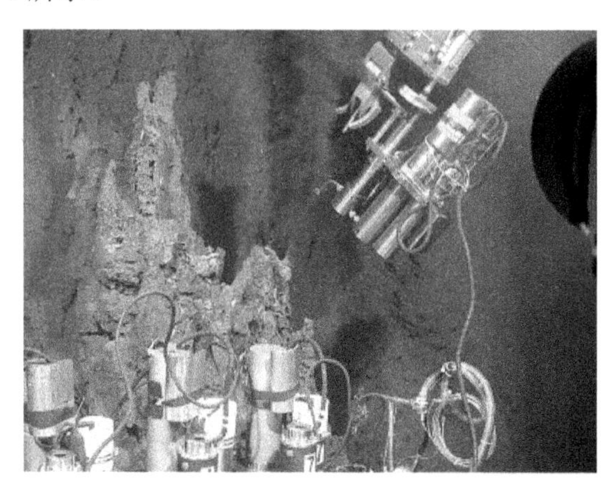

图 2-1　深海热液采集器

2.2.2　深海极端环境微生物的培养

目前，在深海微生物的分离培养、多样性调查、功能基因研究和适应性机制研究(如深海嗜压菌的嗜压机制)等方面取得了一定的进展；各类极端微生物在工业用酶、工具酶、环境修复以及生物活性物质等方面的开发应用也有了突破，使人们看到了深海微生物开发的巨大潜力和广阔的应用前景。深海生物资源尤其是微生物资源越来越得到人类的重视。随着科学的发展进步，水下工程技术和探测技术的改进和完善，人类对深海微生物的研究和开发有了更大的空间和可能性。

进行深海微生物的多样性调查、功能基因研究和适用性机制研究等方面突破的首要问题就是建立适应深海微生物的培养方法。由于深海微生物大多具有嗜热、嗜压、嗜碱、嗜酸、嗜盐、嗜冷等极端嗜好，其培养机制也各有不同。深海细菌生长的一般趋势是，在最适压力下生长的最适温度接近于细胞可耐受的上限。另外，在海底热环境中分离的细菌可以表现嗜热生长的特性。

1977 年美国“阿尔文”号载人深潜器在加拉帕戈斯群岛附近的 2500m 深海断裂带发现了第一个热液口生态系统。该生态系统的中心维持者是厌氧的超嗜热菌(*Hyperthermophiles*)，是一个原始的不需氧的极端嗜热化能自养系统[58]。这被认为是 20 世纪生物学和地球科学领域的最重大发现之一[59]，并成为人类探索地球深部生物及生命起源和进化的窗口。

超嗜热菌是地球上出现最早的生命形式，其最适生长温度为 80～100℃，近年来科学家发现超嗜热菌能够在生命极限温度 121℃下生长。超嗜热菌不仅存在于海底热液口，而且存在于大洋中脊、岛弧火山、陆上热泉等高温的自然环境中。迄今为止，国外已经发现约有 10 个目 29 个属 70 个种的嗜热细菌和古菌，其中除

Thermotogales 和 *Aquificales* 两个属外，大多为古菌，如：*Archaeoglobus*、*Desulfurococcus*、*Methanococcus*、*Methanopyrus*、*Pyrobaculum*、*Pyrococcus*、*Pyrodictium*、*Sulfolobus*、*Thermococcus* 和 *Thermoproteus*。Robert Dibaro 等使用自制设备对海洋超嗜热古菌 *Pyrococcus abyssi* 进行了培养及分析，认定该种古菌最佳的生长温度为 90℃，最适宜 pH 为 9；王淑军等主要对一株分离自太平洋东部的深海热液口的极端嗜热厌氧球菌进行了形态、生理生化特征以及分子鉴定，证明该菌株属于 *T. siculi*，适宜生长温度为 80～88℃，pH 为 6.5～7.0，试验中使用的是改良的 YPS 培养基，具体成分配比为：基础盐溶液 1L，微量盐溶液 10mL，10g/L $CaCl_2 \cdot H_2O$ 5mL，N-P 混合液 10mL，Fe EDTA 溶液 2mL，刃天青溶液 5 mL，哌嗪-*N*, *N*-二(2-乙磺酸)(PIPES) 3.35g，酵母粉 3g，蛋白胨 3g，麦芽糖 5g，硫 10g，pH 6.5。菌株培养方法为：用生理盐水瓶装改良的 YPS 培养基，高压灭菌后，无菌加入 10g/L 硫和滤膜除菌的麦芽糖液使最终质量浓度为 5g/L；盖上橡皮塞，再加上铝皮塞，去除中间铝皮部分，插上 1mL 针头后放在自制的除氧设备中驱除培养基和瓶中的氧气；抽真空后充无氧氮气，反复几次；再在瓶中充少量氮气，然后用胶布封针头小孔。用注射器加入 50g/L $Na_2S \cdot 9H_2O$ 并使终浓度为 0.125g/L，88℃反应 10min；培养基变为黄色时，用注射器将菌株以 50g/L 接入培养基中，88℃静止培养 9h，高温振荡培养箱如图 2-2 所示，沉积物重力柱状取样器见图 2-3，厌氧培养箱见图 2-4。

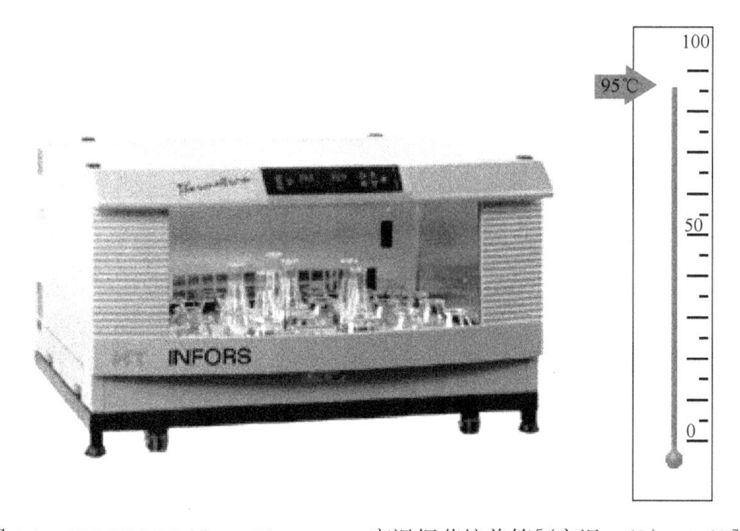

图 2-2　INFORS Multitron Thermotron 高温振荡培养箱[(室温+5℃)～95℃]

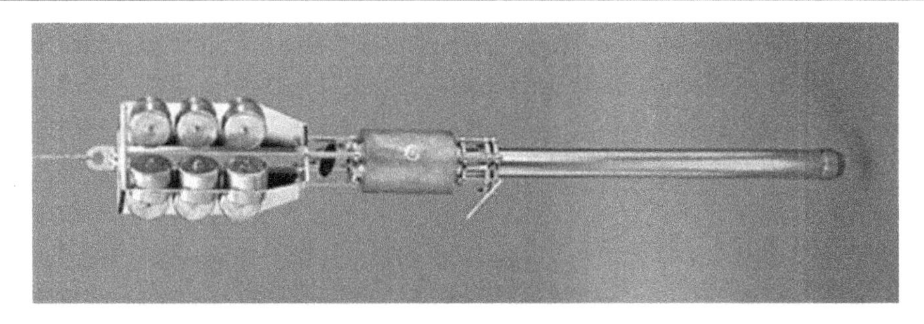

图 2-3　丹麦 KC-Denmark 公司沉积物重力柱状取样器

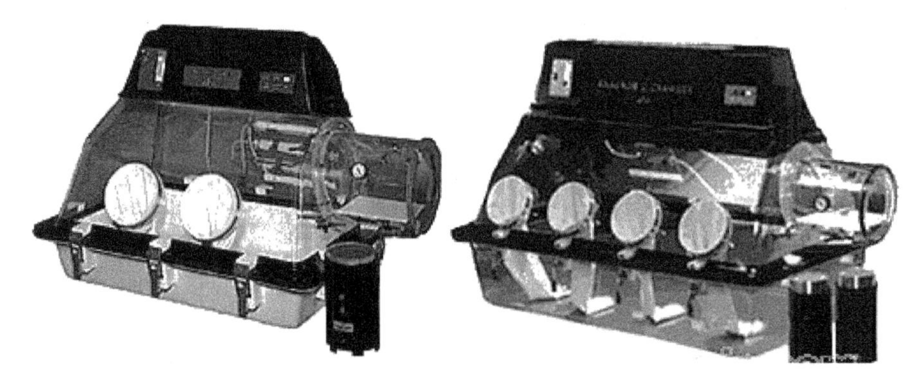

图 2-4　美国 PLAS-LABS 公司 855AC/ACB 型厌氧培养箱

在深海中，生活着大量的耐压或嗜压微生物。有关深海细菌的分离报道已有不少，但多数的研究仍然是采用常压分离和培养技术[60]，或以分子生物学方法对未纯化培养的微生物的 DNA 进行研究[61,62]，其研究结果并不能反映深海细菌的环境适应特性。目前深海压力适应菌可分为 3 类：耐压菌、嗜压菌和极端嗜压菌。其中耐压菌在 1.013×10^5Pa～4.053×10^7Pa 之间都能生长，在 1.013×10^5Pa 下生长更好，超过 5.066×10^7Pa 不生长；嗜压菌在 1.013×10^5Pa 下也具有生长能力，但高压下生长更好，4.053×10^7Pa 是其最适生长压力；极端嗜压菌生活在 10000m 以下，它们不仅耐受压力而且生长也需要压力，不能在低于 4.053×10^7Pa 压力下生长。汪保江等[63]对一株来自深海沉积物的低温、嗜压菌进行了分离鉴定，通过研究得知该菌在常压的条件下生长很缓慢，而且生长过程中会产生 H_2S 气体。游志勇等则通过自行改进的高压培养罐及高压设备(如图 2-5 所示)，对深海沉积物进行可培养微生物的筛选，获得 6 株具有较强耐受压力的细菌。16SrDNA 的测序结果表明这些细菌分别属于 6 个不同的菌属；压力生长试验的结果表明这 6 株细菌在 40MPa 的条件下仍然具有较强的生长能力，属于兼性嗜压菌[64]。

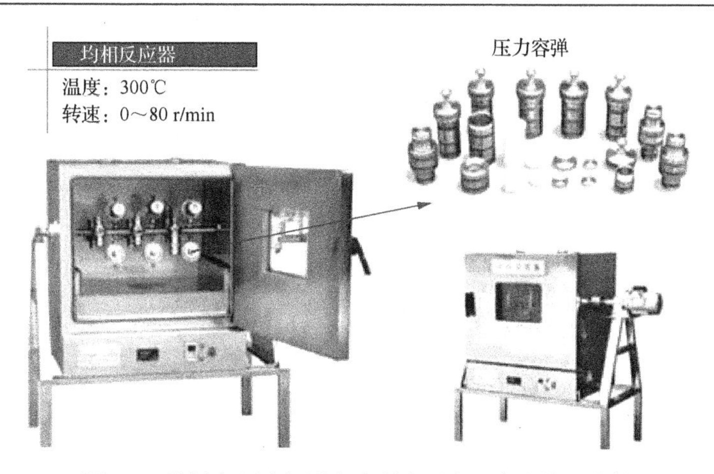

图 2-5　使用高压消解设备自制高温高压微生物培养箱

日本海洋科学技术中心采用无人潜水器，从采样、分离到培养均保证严格的高压条件，结果从世界上最深的马里亚纳海沟获得专性嗜压菌株 DB21MT-2 和 DB21MT-5。DB21MT-2 菌株和 DB21MT-5 菌株可分别在 70MPa 和 80MPa 的压力下良好生长。在深海分离的大多数菌株为嗜压菌或耐压菌，在不同压力和温度下的深海分离细菌生长能力分析表明[65, 66]，有些菌株还表现嗜冷特性，即在温度高于 20℃不能生长。如嗜压菌 DB6705 和 DB6906 能够在常压和 4℃条件下生长，但培养温度超过 10℃时则停止生长；而 50MPa 的高压条件下(大致相当于海洋中 5000m 深处的压力)，10℃时的生长状态要好于 4℃时；耐压菌 DSK1 在 50MPa 的高压下，15℃条件下的生长也好于 10℃。

深海耐压菌 *Shewanella comra* WP3 已基本完成全基因组序列测定，开展了深海沉积物宏基因组文库的构建，成功构建了一个深海 5000m 水深沉积物的基因文库，部分克隆子序列测定发现克隆子上大部分基因是新基因，目前，正在开展后基因组研究。已筛选到多个能表达生物活性物质的克隆子，深海微生物抗菌、抗肿瘤活性物质筛选工作也已经开展。嗜冷微生物是极地、深海等低温环境中重要的生物类群，由于它们在低温下仍具有高效的物质利用转化能力，因此它们对低温环境中的物质循环起着重要的作用。此外，由于微生物的适应性很强，因此生存在寒冷环境的微生物中大部分是外来物种，只有嗜冷微生物才是真正的土著物种，而其中包含着许多迄今为止尚未发现的新菌种。在深海或极地等环境中获取嗜冷微生物大都需要冷冻保存，且需在低温培养箱环境中进行培养操作(典型设备如图 2-6 所示)。

图 2-6　Uniontek IPP400 型(Peltier 电子制冷)低温培养箱

海洋嗜酸菌早期的研究主要集中在中温菌，如嗜酸氧化亚铁硫杆菌和嗜酸氧化硫硫杆菌。周洪波等讨论了嗜中高温嗜酸古菌 *Ferroplasma thermophilum* 的培养条件优化，通过研究 *F. thermophilum* 摇瓶培养时的最佳生长条件，单因素考察结果表明最适培养条件为：温度 500℃、初始 pH 0.5、250mL 的摇瓶装液量为 50mL、无机氮$(NH_4)_2SO_4$。通过正交试验确定了 $FeSO_4 \cdot 7H_2O$、酵母粉和蛋白胨最适组合为 $FeSO_4 \cdot 7H_2O$ 40g/L、酵母粉 0.3g/L、蛋白胨 0.2g/L。该结果可为该类古菌的扩大培养以及工业应用提供参考[67]。目前大多应用倾注平板法检测耐热嗜酸菌(TAB)，使用振荡摇床培养箱进行培养(见图 2-7)。检测中使用 YSG 培养基，配比为: 酵母膏 2g，葡萄糖 1g，可溶性淀粉 2g，溶于 1L 蒸馏水中，用 0.5～1mol/L 硫酸或 1～2mol/L 盐酸调节 pH 为 3.7±0.1，并分装于三角瓶中，121℃灭菌 15min，冷却。首先要对样品进行稀释，取 10～100g 样品在已灭菌的 YSG 三角瓶液体培养基中稀释 10 倍或更多,混匀。用酸或碱溶液调节样品的 pH 为 3.5～4.0。稀释后的样品水浴(70±1)℃保温 20min，立即在冰水浴中冷却至室温以下，样品在 45℃预培养 3～5 天，一般为 3 天。取 1mL 预培养的样品分别加到平板中，然后再加入 20mL 的 YSG 琼脂培养基混匀后冷却凝固。如果检测 TAB 的数量，需要确定稀释倍数。培养时平板倒置，45℃培养 3～5 天，一般为 5 天。

深海生物研究是一个依赖于工程技术的高投入项目，促进我国深海生物基因资源开发利用研究的快速发展还需要更多资金和人才的不断投入。

图 2-7　NBS Innova 43 落地式恒温摇床

2.3　小　　结

海洋环境是一个复杂多变的环境，不同海域、不同季节、离海平面不同距离的区域，所对应的腐蚀、磨蚀和污损等环境损伤形式和机理也不尽相同。图 2-8 给出了按照离海平面距离划分的海洋环境区域、不同区域的主要致损因素和所面临的主要材料损伤问题。从图 2-8 可以看出，不同区域的环境因素和材料损伤模式差别是很大的，但除了飞溅区以外，几乎每一个区域的损伤都有微生物的参与，甚至包括深海区域。海洋微生物参与腐蚀过程的方式是多种多样的，大部分情况

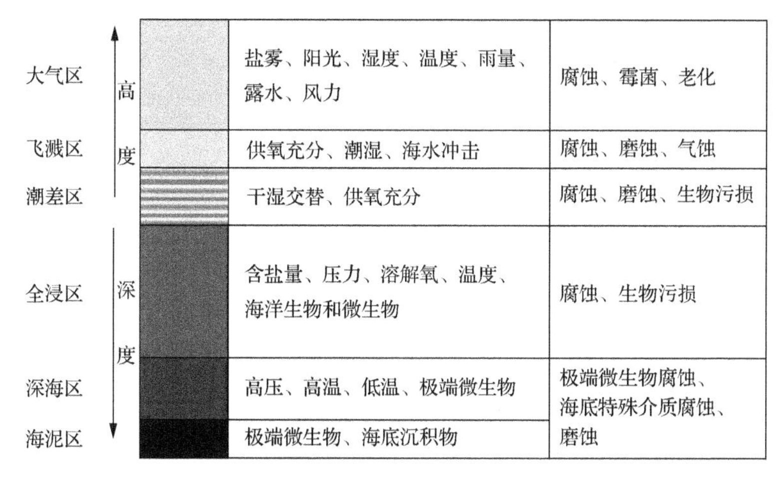

图 2-8　海洋环境不同区域的主要致损因素和所面临的主要材料损伤问题

下会加剧腐蚀和局部腐蚀破坏如孔蚀、应力腐蚀等；但在某些条件下，微生物也会抑制腐蚀。

随着海洋工程技术的发展和对海洋微生物腐蚀认识的不断加深，微生物腐蚀已被公认为海洋工程钢铁材料构件诸如石油平台、管线、码头等腐蚀破坏的重要形式。但是，深海环境下的微生物腐蚀至今没有引起科学家们的充分重视，随着进军深海战略的实施，研究深海微生物对材料腐蚀性能的影响也应当提上议事日程。

参考文献

[1] Fang J, Bazylinski D A. Deep Sea Geomicrobiology[M]. Washington DC:High-Pressure Microbiology ASM Press, 2008: 237-264

[2] Brown J R, Doolittle W F. Arehaea and the Prokaryote-to-eukaryote transition. Microbiol Mol Biol Rev, 1997(61): 456-502

[3] Danson M J, Hough D W. Structure, function and stability of enzymes from the Archaea. Tends Microbiol, 1998(6): 307-314

[4] Hugehnoltz P, Pitulle C, Hershberger K L, Pace N R. Novel division level bacterial diversity in a Yellowstone hot spring. J Bacteriol, 1998(180): 366-376

[5] Morelli Vrginia. Life's last domain. Science ,1996, 273: 1043-1045

[6] Roussel E G, Bonavita M A C, Querellou J, et al. Extending the sub-sea-floor biosphere [J]. Science, 2008, 320(5879): 1046.

[7] Corliss J B, Dymond J, Gordon L I, et al. Submarine thermal springs on the Galapagos rift [J]. Science, 1979, 203(4385): 1073-1083

[8] Dell'Anno A, Danovaro R. Extracellular DNA plays a key role in deep-sea ecosystem functioning. Science, 2005, 309(5744): 2179

[9] Fang J S, Zhang L, Bazylinski D A. Deep-sea piezosphere and piezophiles: geomicrobiology and biogeochemistry [J].Trends in Microbiology, 2010, 18 (9): 413-422

[10] Boonyaratanakornkit B B, Miao L Y, Clark D S. Transcriptional responses of the deep-sea hyperthermophile *Methanocaldococcus jannaschii* under shifting extremes of temperature and pressure[J]. Extremophiles, 2007, 11(3): 495-503

[11] Fry J C, Parkes R J, Cragg B A, Weightman A J, Webster G. Prokaryotic biodiversity and activity in the deep subseafloor biosphere. FEMS Microbiology Ecology, 2008(66): 181-196

[12] Schrenk M O, Huber J A, Edwards K J. Microbial provinces in the subseafloor. Annual Review of Marine Science, 2010(2): 279-304

[13] Sievert S M, Hügler M, Taylor C D, Wirsen C O. Sulfur oxidation at deep-sea hydrothermal vents. In: Microbial Sulfur Metabolism(eds Dahl C, Friedrich C G). Berlin Heidelberg: Springer-Verlag, 2008: 238-258

[14] Expedition 336 Scientists Mid-Atlantic Ridge Micro-biology: Initiation of Long-Term Coupled Microbiological, Geochemical, and Hydrological Experimentation Within the Seafloor at North Pond, Western Flank of the Mid-Atlantic Ridge. 2011, IODP Prel. Rept., 336

[15] Scientists E South Pacific Gyre subseafloor life. IODP Expedition 323 Preliminary Report 329. 2011, doi: 10.2204/iodp. pr.329. 2011

[16] Lipp J S, Morono Y, Inagaki F, et al. Significant contribution of Archaea to extant biomass in marine subsurface sediments. Nature, 2008 (454) : 991-994

[17] Kallmeyer J, Pockalny R, Adhikari R R, et al. Global distribution of microbial abundance and biomass in subsea floor sediment. Proceedings of the National Academy of Sciences, USA, 2012 (109) : 16213-16216

[18] D'Hondt S, Jørgensen B B, Miller D J, et al, Acosta J L S. Distributions of microbial activities in deep subseafloor sediments. Science, 2004 (306) : 2216-2221

[19] Parkes R J, Cragg B A, Wellsbury P. Recent studies on bacterial populations and processes in subseafloor sediments: a review. Hydrogeology Journal, 2000 (8) : 11-28

[20] D'Hondt S, Spivack A J, Pockalny R, et al. Subseafloor sedimentary life in the South Pacific Gyre. Proceedings of the National Academy of Sciences, USA, 2009 (106) : 11651-11656

[21] Whitman W B, Coleman D C, Wiebe W J. Prokaryotes: The unseen majority. Proceedings of the National Academy of Sciences, USA, 1998 (95) : 6578-6583

[22] Fang J S, Zhang L. Exploring the deep biosphere. Science China: Earth Sciences, 2011 (54) : 157-165

[23] Orcutt B N, Sylvan J B, Knab N J, et al. Microbial ecology of the dark ocean above, at, and below the seafloor. Microbiology and Molecular Biology Reviews, 2011 (75) : 361-422

[24] Edwards K J, Becker K, Colwell F. The deep, dark energy biosphere: intraterrestrial life on Earth. Annual Review of Earth and Planetary Sciences, 2012 (40) : 551-568

[25] Røy H, Kallmeyer J, Adhikari R R, et al. Aerobic microbial respiration in 86-million-year-old deep-sea red clay. Science, 2012 (336) : 922-925

[26] Wang F P, Lu S L, Orcutt B N, et al. Discovering the roles of subsurface microorganisms: progress and future of deep biosphere investigation. Chinese Science Bulletin, 2013 (58) : 1-12

[27] Bowman J P, Mc Cuaig R D. Biodiversity, community structural shifts, and biogeography of prokaryotes within Antarctic continental shelf sediment. Applied and Environmental Microbiology, 2003 (69) : 2463-2483

[28] Polymenakou P N, Bertilsson S, Tselepides A, et al. Bacterial community composition in different sediments from the Eastern Mediterranean Sea: A comparison of four 16S ribosomal DNA clone libraries. Microbial Ecology, 2005 (50) : 447-462

[29] Polymenakou P N, Lampadariou N, Mandalakis M, et al. Phylogenetic diversity of sediment bacteria from the southern Cretan margin, Eastern Mediterranean Sea. Systematic and Applied Microbiology, 2009 (32) : 17-26

[30] Li T, Wang P, Wang P X. Bacterial and archaeal diversity in surface sediment from the south slope of the South China Sea. Acta Microbiologica Sinica, 2008 (48) : 323-329

[31] Boetius A, Ravenschlag K, Schubert C J, et al. A marine microbial consortium apparently mediating anaerobic oxidation of methane. Nature, 2000 (407) : 623-626

[32] Inagaki F, Nunoura T, Nakagawa S, et al. Biogeographical distribution and diversity of microbes in methane hydrate-bearing deep marine sediments on the Pacific Ocean Margin. Proceedings of the National Academy of Sciences, USA, 2006 (103) : 2815-2820

[33] Inagaki F, Suzuki M, Takai K, et al. Microbial communities associated with geological horizons in coastal subseafloor sediments from the Sea of Okhotsk. Applied and Environmental Microbiology, 2003 (69) : 7224-7235

[34] Newberry C J, Webster G, Cragg B A, et al. Diversity of prokaryotes and methanogenesis in deep subsurface sediments from the Nankai Trough, Ocean Drilling Program Leg 190. Environmental Microbiology, 2004(6): 274-287

[35] Webster G, John Parkes R, Cragg B A, et al. Prokaryotic community composition and biogeochemical processes in deep subseafloor sediments from the Peru Margin. FEMS Microbiology Ecology, 2006(58): 65-85

[36] Teske A, Hinrichs K U, Edgcomb V, et al. Microbial diversity of hydrothermal sediments in the Guaymas Basin: evidence for anaerobic methanotrophic communities. Applied and Environmental Microbiology, 2002(68): 1994-2007

[37] Nercessian O, Fouquet Y, Pierre C, et al. Diversity of Bacteria and Archaea associated with a carbonate-rich metalliferous sediment sample from the Rainbow vent field on the Mid-Atlantic Ridge. Environ- mental Microbiology, 2005(7): 698-714

[38] Vetriani C, Jannasch H W, Mac Gregor B J, et al. Population structure and phylogenetic characterization of marine benthic archaea in deep-sea sediments. Applied and Environmental Microbiology, 1999(65): 4375-4384

[39] Takai K, Horikoshi K. Genetic diversity of Archaea in deep-sea hydrothermal vent environments. Genetics, 1999(152): 1285-1297

[40] Reysenbach A L, Longnecker K, Kirshtein J. Novel bacterial and archaeal lineages from an in situ growth chamber deployed at a Mid-Atlantic Ridge hydrothermal vent. Applied and Environmental Microbiology, 2000(66): 3798-3806

[41] Reed D W, Fujita Y, Delwiche M E, et al. Microbial communities from methane hydrate-bearing deep marine sediments in a forearc basin. Applied and Environmental Microbiology, 2002(68): 3759-3770

[42] Knittel K, Lösekann T, Boetius A, et al. Diversity and distribution of methanotrophic archaea at cold seeps. Applied and Environmental Microbiology, 2005(71): 467-479

[43] Li Huirong, Yu Yong, Luo Wei, et al. Bacterial diversity in surface sediments from the Pacific Arctic Ocean[J].Extremophiles, 2009, 13(2): 233-246

[44] Su Yuhuan, Li Huirong, Li Yun, et al. Investigation on bacterial diversity of deep-sea sediments from Pacific Arctic[J]. Chinese High Technology Letters, 2006,16(7): 752-756

[45] Chen Lirong. The investigation on microbial diversity of Arctic deep sea sediments[D]. Hangzhou: Zhejiang Sci-Tech University, 2012

[46] Li Sha. The investigation on microbial diversity of Arctic deep sea sediment[D]. Wuhan: Central China Normal University, 2010

[47] Li Yan, Liu Quan, Li Chaolun, et al. Bacterial and archaeal community structures in the Arctic deep-sea sediment[J]. Acta Oceanologica Sinica, 2015, 34(2): 93-113

[48] Lysnes K, Thorseth I H, Steinsbu B O, et al. Microbial community diversity in seafloor basalt from the Arctic spreading ridges[J]. FEMS Microbiology Ecology,2004, 50(3): 213-230

[49] Jørgensen B B, Dunker R, Grünke S, et al. Filamentous sulfur bacteria, *Beggiatoa* spp., in arctic marine sediments(Svalbard, 79°N)[J]. FEMS Microbiology Ecology,2010, 73(3): 500-513

[50] Algora C, Gründger F, Adrian L, et al. Geochemistry and microbial populations in sediments of the Northern Baffin Bay, Arctic[J]. Geomicrobiology Journal, 2013,30(8): 690-705

[51] Savvichev A S, Rusanov I I, Zakharova E E, et al. Microbial processes of the carbon and sulfur cycles in the White Sea[J]. Microbiology, 2008, 77(6): 734-750

[52] Jorgensen S L, Thorseth I H, Pedersen R B, et al.Quantitative and phylogenetic study of the Deep Sea Archaeal Group in sediments of the Arctic mid-ocean spreading ridge[J]. Frontiers in Microbiology, 2013, 4: 299. doi: 10.3389/fmicb.2013.00299

[53] Queric N V, Soltwedel T, Arntz W E. Application of a rapid direct viable count method to deep-sea sediment bacteria[J]. Journal of Microbiological Methods, 2004,57(3): 351-367

[54] Forschner S R, Sheffer R, Rowley D C, et al. Microbial diversity in Cenozoic sediments recovered from the Lomonosov Ridge in the Central Arctic Basin[J]. Environmental Microbiology, 2009, 11(3): 630-639

[55] Soffientino B, Spivack A J, Smith D C, et al. Hydrogenase activity in deeply buried sediments of the Arctic and North Atlantic Oceans[J]. Geomicrobiology Journal,2009, 26(7): 537-545

[56] Bienhold C, Boetius A, Ramette A. The energy-diversity relationship of complex bacterial communities in Arctic deep-sea sediments[J]. Isme Journal, 2012, 6(4): 724-732

[57] Algora C, Vasileiadis S, Wasmund K, et al. Manganese and iron as structuring parameters of microbial communities in Arctic marine sediments from the Baffin Bay[J]. FEMS Microbiology Ecology, 2015, 91(6): 465-478

[58] 党宏月, 宋林生, 李铁刚, 等. 海底深部生物圈微生物的研究进展. 地球科学进展, 2005, 20(12): 1306-1313

[59] 王春生, 杨俊毅, 张东声, 等. 深海热液生物群落研究综述. 厦门大学学报(自然科学版), 2006, 45(增刊 2): 141-149

[60] 王淑军, 陆兆新, 吕明生, 等. 一株深海热液口超嗜热古菌的分类鉴定及高温酶活性研究. 南京农业大学学报, 2009, 32(2): 130-136

[61] 李越中, 陈琦. 海洋微生物的多样性. 生物工程进展, 1999, 18(4): 34-40

[62] Li L, Kato C, Nogi Y, et al. Distribution of the pressure-regulated operons in deep-sea bacteria. FEMS Microbiology Letters, 1998(159): 159-166

[63] 汪保江, 邵宗泽. 一株来自深海沉积物的低温、嗜压菌的分离鉴定. 厦门大学学报(自然科学版), 2005(44): 175-179

[64] 游志勇, 汤熙翔, 肖湘. 高压技术在深海沉积物兼性嗜压菌的筛选和鉴定中的应用.台湾海峡, 2007, 26(4): 555-561

[65] Kato C, L Li, Nogi Y, et al. Extremely bacteria isolated from the Mariana Trench, challenger deep, at a depth of 11000 meters. Applied and Environmental Microbiology, 1998(64): 1510-1513

[66] 刘敏, 李越中. 深海细菌及其适压机制. 微生物学杂志, 2003, 23(4): 32-44

[67] 周洪波, 彭娟花, 张瑞永. 嗜中高温嗜酸古菌 *Ferroplasma thermophilum* 的培养条件优化.生物工程学报, 2008, 24(6): 1040-1045

第3章 深海工程装备材料的发展现状

引 言

随着人口、资源、能源和环境等问题变得日益严峻，人类已将目光转向海洋，对海洋的开发力度不断加强，并逐步向深海扩展，深海勘探开发已成为21世纪世界海洋科技发展的重要前沿和关注的重点[1-9]。勘探的前提就是深海装备用材料的研究。深海装备在水下活动，要承受巨大的压力，潜得越深，压力越大，每下潜100m将增加10个大气压，在深达万米的洋底，压力将达到1000个大气压，几毫米厚的钢板就像大气中的鸡蛋壳一样易碎。除了难以想象的高压外，深海装备还将遭遇各种复杂环境的挑战，比如海底火山口附近的温度可达到350～400℃，并且海水对设备有很强的腐蚀性。因此，研发出能够在这些极端环境中正常工作的装备材料是进行深海勘探开发的必要条件。对于深海装备来说，最重要的通用性材料是耐压性能好的结构材料。

深海资源开发、深海科学探索、深海国防安全的基础是深海装备，而深海装备的基础是深海专用材料。目前，我国多数深海关键材料及其工艺技术仍然依赖国外进口，严重制约了我国深海高新科技的发展。深海开发，材料先行，深海材料国产化将推动我国深海工程产业的发展，提高相关企业的科技竞争力。目前，各国深海开发的主要目的是资源的获取，无论是油气资源还是生物资源，深海的开发潜力都是巨大的。目前，我国深海装备关键材料90%以上依赖进口，当前在我国建造的海洋油气开发装备中，其配套设备的国产化率平均不足10%(关键材料依赖进口)，因此，开展深海油气开发装备材料的研发及国产化势在必行。

3.1 深海装备用材料的应用

深海的特殊环境对深海装备的结构材料提出了特殊要求。它们应具有较高的屈服强度和弹性模量，从而使深海装备能够承受由其工作深度产生的静水压力以及在服役期内反复下潜和上浮所产生的周期性循环载荷。此外它们还应具有优良的物理化学性能，能够抵抗海水的腐蚀。目前深海装备所使用的结构材料主要有高强度合金钢、钛合金和陶瓷及陶瓷基复合材料等。

3.1.1　高强度合金钢在深海的应用

高强度合金钢是目前深海装备使用的最重要、最关键的结构材料，其性能优劣直接关系到深海装备性能的好坏。单从潜艇来看，在第二次世界大战前，潜艇耐压壳体材料通常采用屈服强度为 450MPa 级钢材，故其下潜深度不大。第二次世界大战后，开始采用屈服强度为 600MPa 级钢材，因此潜艇下潜深度逐渐增大。现代的潜艇一般采用屈服强度达到 1000MPa 的高强度合金钢，因而其下潜深度大大增加。美、日、英、俄从 20 世纪中期就开始建立深海装备结构钢体系平台。美国使用的主要有 HY80、HY100 和 HY130 等；日本使用的主要有 NS-30、NS-46、NS-63、NS-80、NS-90 和 NS-110 等；英国使用的主要有 QT-28、QT-35、Q1N 和 Q2N 等；俄罗斯使用的主要有 AK-25、AK-27、AK-33、AK-43 和 AK-44 等高强度合金钢[10,11]。新中国成立以来，我国也相继研制成功了 400MPa、450MPa、600MPa 和 800MPa 级的高强度合金钢系列[12]。潜艇用钢属于高强度、高韧性钢，与民品焊接结构用高强度钢相比，这类钢在提高强度的同时，还必须保证足够的韧性，且在韧性的考核方面除了常规的冲击试验外，还需要由爆炸试验或落锤试验来确定其止裂行为。另外，由于艇体结构的拘束度大，随着强度的提高，焊接接头的延迟裂纹成为一个重大问题。基于此，在追求高强度时不但不能提高含碳量，甚至还要降低含碳量，主要是通过增加镍的含量来保证其良好的强韧性，再加入适量的铬、钼、钒等元素，以改善其淬透性和抗回火软化能力。在炼钢上采用铁水预脱硫、磷，真空精炼等措施，以降低硫、磷杂质和有害气体的含量。随着含镍量的增加，焊接接头中易于出现热裂纹，这主要是依靠降低硫、磷杂质含量来控制。这类钢因其成分中碳含量低且镍含量高，焊接后一般不会出现热影响区的韧性恶化。随着强度的提高，接头强度匹配成了必须考虑的问题，为增加焊缝的韧性储备，改善焊缝的抗冷裂纹性能，采用低强度匹配是一个很有效的措施。在焊接施工上还要控制好道间温度和热输入等。

3.1.2　钛合金在深海的应用

钛合金由于具有密度小、比强度高、耐高温、耐腐蚀、无磁、透声和抗冲击振动等特点，被广泛应用于船舶工业，它是具有发展前途的深海装备结构材料之一。世界各国都非常重视钛合金的研究与开发。俄罗斯的钛合金研究和实际应用水平处于国际领先地位，该国拥有专门的船用钛合金系列。俄罗斯是世界上第一个用钛合金建造潜艇耐压壳的国家，其钛合金建造潜艇的技术世界领先。如阿尔法级攻击型核潜艇采用双层钛合金壳体建造，其下潜深度可以达到 900m；而塞拉级多用途核潜艇的耐压壳体也是采用钛合金建造，其工作深度为 700m，极限下潜深度可以达到 800m[13,14]。目前深海潜水器的耐压壳体多采用钛合金建造，如美国的“海崖”号深潜器使用钛合金(Ti-6Al-2Nb-1Ta-0.8Mo)，其下潜深度为6100m。日本的“深海6500”使用了钛合金(Ti-6Al-4VELI)，其下潜深度为6500m。此外，法国的“鹦鹉螺”号、俄罗斯的“和平”号和我国的“蛟龙”号深潜器都采用钛合金作为耐压壳体材料[9]。

3.1.3 陶瓷基复合材料在深海的应用

陶瓷材料具有强度高、弹性模量大和密度低等特点，是很有发展潜力的高比强度材料。此外，陶瓷材料还具有耐腐蚀、耐高温、电绝缘、非磁性和可透过辐射等优点，这使它成为具有发展前途的深海装备结构材料之一，但陶瓷材料固有的脆性使其应用范围受到很大的限制。近年来，先进陶瓷材料和陶瓷材料增韧两方面的研究都取得了很大进展，例如，采用高纯度超细原料粉末经特殊工艺制备的陶瓷材料具有优异的使用性能；而通过添加第二相制备的陶瓷基复合材料则大大提高了材料的韧性，从而为结构陶瓷材料的推广应用创造了条件。美国海军已成功试验过利用氧化铝陶瓷基复合材料制成有浮力的深潜船壳，这类船壳具备人乘坐时所需的安全可靠性。研究表明，在潜深6096m条件下，氧化铝耐压壳体的重量/ 排水量比率小于0.60，小于同样深度下的钛合金壳体的比率0.85。随后的试验表明，在同样排水量条件下，氧化铝陶瓷壳体比Ti-6Al-4V壳体的有效载荷高166%；如要达到相同的有效载荷，钛合金壳体的排水量必须增加50%，而重量则增加83%[15]。2009年，美国伍兹霍尔海洋研究所研究的“海神”号机器人潜艇下潜10902m，成功抵达马里亚纳海沟最深处的“挑战者深渊”。为承受海底的超高压力，“海神”号采用了特制的新型轻量级陶瓷基复合材料取代了传统的建造潜艇的材料[16]。美国的霍克斯海洋技术公司的霍克斯团队研究开发了高强度金属陶瓷材料，并将其成功应用到“深海飞行2号”潜艇上。

课题组研究的Fe-Al，TiAlZr/ZrO_2(3Y)复合材料也是一类非常有潜力的深海结构材料。四方氧化锆陶瓷(TZP)是氧化锆增韧陶瓷(ZTC)中室温力学性能最高的一种材料，其强度和断裂韧性分别可高达1.5GPa和15MPa·$m^{1/2}$，但遗憾的是，TZP材料除了具有陶瓷材料所固有的脆性外，由于应力诱导相变对温度的敏感性，高温下t-ZrO_2的稳定性增高，从而产生相变增韧失效，致使材料的强度和韧性随温度上升而急剧下降。加之在低温环境下时效导致强度和韧性下降(低温老化)和较差的抗热震性能等缺点，大大削弱了其与传统金属材料竞争的优势，限制了其规模开发和应用。Fe-Al金属间化合物具有良好的热强塑性、耐蚀性和耐磨性，但氢脆和加工性差是其产业化的严重障碍。考虑Fe_3Al与ZrO_2的热膨胀系数比较接近，界面残余热应力小等特点，将Fe-Al金属间化合物与ZrO_2陶瓷复合，首先利用ZrO_2颗粒对金属间化合物的间隔作用，阻止氢的扩散，抑制Fe_3Al金属间化合物的氢脆；再利用这些消除了氢脆的金属间化合物颗粒对ZrO_2陶瓷增韧和稳定——形成一种两组元“互补增韧”的效应。采取合理的工艺路径，设计制备高性能 Fe_3Al 金属间化合物/陶瓷复合体系。设计制备的 Fe_3Al/ZrO_2(3Y)复合材料的断裂韧性 K_{IC} 高达 30MPa·m$^{1/2}$，为单相 ZrO_2(3Y)的 2.6 倍，σ_f达 1244MPa，较单相 ZrO_2(3Y)提高了 29%。

Fe_3Al 的热膨胀系数为 11.5×10^{-6}/K，与 ZrO_2 的热膨胀系数接近，热导率为 11.9W/(cm·K)，高于 ZrO_2，此有利于第二相与基体的界面结合，同时对改善基体的抗热震性能有利。Fe_3Al 的熔点为 1547℃,与基体 Y-TZP 材料的使用温度(室温至中温)较为匹配。由此可见，Fe_3Al 具有比 ZrO_2 高的韧性、与之相近的热膨胀系数、较高的热导率及金属间化合物所特有的在一定温度范围内强度随温度升高的特性，可望在增韧的同时改善 ZrO_2 的抗热震性能及中温力学性能。同时，ZrO_2 可在一定程度上改善 Fe_3Al 的硬度和耐磨性，达到优势互补。复合材料在 200℃水热条件下和饱和硫化氢溶液中的腐蚀微观形貌如图 3-1 所示。

图 3-1　复合材料在不同腐蚀条件下的 SEM 照片

(a)腐蚀前；(b)水热腐蚀 72h；(c)高温硫化氢溶液腐蚀 72h

腐蚀试验结束后取出试样进行宏观检查，肉眼及低倍放大镜观察表明颜色与状态均无显著改变。试样腐蚀前和分别经水热条件、高温硫化氢溶液腐蚀 72h 后的 SEM 照片如图 3-1 所示。由图可见，复合材料经水热腐蚀[图 3-1(b)]和高温硫化氢溶液腐蚀[图 3-1(c)]后的微观形貌与腐蚀前[图 3-1(a)]相比并无明显变化，表面未见裂缝、孔隙等腐蚀现象，基体与增韧性颗粒的晶界也没有被腐蚀出来。

3.2　深海石油钻采关键材料

在全球经济快速发展的今天，世界各国对能源的需求不断扩大。但是，陆地和近海石油资源却由于人类的过度开采而日趋枯竭，全球范围能源紧张的矛盾愈加凸显。为了满足不断增长的能源需求，世界许多国家特别是一些发达国家都将石油资源的开发重点投向深海。因此，深海油气开发已经成为石油工业的重要前沿阵地。目前，全世界从事海洋油气开发的国家已达 100 多个，遍及 40 多个沿海国家的海域。世界上深海主要分布在巴西、美国墨西哥湾、西非、印度尼西亚、里海，以及我国的南海等地。20 世纪 70 年代前，世界海洋油气开采平台水深仅低于 100m，到 80 年代初水深达到了 300m。目前，国外的作业水深已经突破了 3000m，生产水深达到了 2500m。

深海油气资源开发技术涉及深海油气勘探技术、深海油气钻井技术、深海油气开采技术、深海油气储运技术等诸多技术领域。目前，在深海油气资源开发技术上拥有世界先进水平是美国、巴西和欧洲的少数几个国家。其中美国是深海油气资源开发技术最先进的国家。我国南海是世界四大海洋油气聚集中心之一，有“第二个波斯湾”之称。虽然拥有丰富的油气资源储藏量，但是南海油气资源的开发却一直没有出现突破性进展。除了国际上的政治及历史纠纷的原因外，我国在深海油气开发技术能力上也相对落后于其他发达国家。因此，发展我国深海油气开发技术已经刻不容缓。2006 年，我国将深海作业技术列入《国家中长期科学和技术发展规划纲要(2006—2020 年)》。

对于我国而言，幅员辽阔的南海、东海海域油气资源储量极为丰富。四大海中蕴藏着约占我国油气总储量 70%的丰富资源，与国际先进海洋油气田开采现状形成鲜明对比的是我国落后的开采技术和装备制造业。目前我国已经大规模开发的海上油气田主要集中在浅海区域，面积 7.7km^2、平均水深仅 18m 的渤海海湾聚集了大片已开发的项目。虽然在南海海域近海范围内的油气田已经有一定规模，包括涠洲油田、东方气田等，唯一一个钻采深度超过 3000m 的是刚刚建成的荔湾油气田，但更为广阔的南海中部、西部和南部深海海域的油气资源开发还依然为零。由于我国海洋资源丰富，但开采能力孱弱，长期以来，我国东海、南海等领海的周边国家纷纷瞄准我国丰富的海底油气资源，疯狂蚕食海域内的岛礁和大陆架等领土，如越南和菲律宾等国已在我国九段线以内占据多个岛礁，部分岛礁上还长年驻扎守军。菲律宾、马来西亚、泰国、印度尼西亚、越南与文莱等国早已在我国南海开采海上油气田，每年盗采约 4000 万 t 海上石油(我国海上油气年产量到 2008 年才达到 4000 万 t)和 380 亿 m^3 的天然气(相当于西气东输的两倍)；而越南更是由盗采之前的石油进口国一跃成为颇具规模的石油输出大国。20 世纪 60

年代以来，东海大陆架及中国钓鱼岛周边海域发现石油资源后，中日关于东海海底资源以及钓鱼岛的主权归属之争日益加剧。

在深海油气资源开发过程中，存在着大量的钢铁构筑物，如海洋采油平台及输油管线等。深海是一个复杂的腐蚀环境，与浅海相比截然不同，如存在着温度、盐度及溶解氧跃层，同时存在着巨大的静水压力和复杂的洋流。这些环境特点，使得金属材料的腐蚀行为在深海和浅海之间存在着巨大的差异，给深海材料的耐蚀性提出了新的要求。而深海环境对金属材料结构和功能可靠性的要求要远远高于陆上和浅海，任何可能的金属材料的腐蚀和破坏，在深海环境中都可能导致严重的工程事故和重大经济损失。所以，研究深海环境下金属材料的腐蚀与防护技术，保证深海工程设施的安全性、完整性和使用寿命，直接关系到安全生产和国家的投资效益，具有非常重要的战略意义和巨大的经济价值。

3.2.1　深海石油钻铤材料

在海洋资源开采领域，中国近海约有240亿t石油资源量，14万亿m^3天然气资源量。近年来，勘探人员又在南沙海域发现总资源量达320亿～430亿t的油气资源。拥有丰富油气资源的中国南海被誉为“第二个波斯湾”。中国海洋石油总公司(简称中海油)近期宣布，将在20年内投资2000亿元，到2020年在南海深水区建成年产5000万t油当量的生产能力，“十一五”期间，中海油建成投产的油气田就有50余个。在深海实际钻采过程中，钻铤的寿命只有200～500h，是消耗品，仅从目前国内市场对无磁钻铤的需求量为每年5000余支。随着海洋资源钻采工程项目的不断增加，规模不断扩大，由此对高性能无磁钻铤等产品的需求还将增加，每年带来的经济效益将达数亿元。

与国外同类型的奥氏体氮强化不锈钢相比，国产无磁钻铤用Cr-Mn-N奥氏体不锈钢目前最大的问题是晶间腐蚀合格率和力学性能指标偏低：另一方面，通过对比中原特钢W1813N和W2014N不锈钢与国外主流同类型产品的化学成分，可以看出二者之间的主要差异在于：①Cr含量显著偏低：中原特钢的W1813N和W2014N产品Cr含量的上限仅为14.0%，而大同钢铁的DNM110和DNM140，伯乐钢铁的P550、P580和P650，卡朋特钢铁的15-15HS以及VSG的P900和P900N不锈钢中Cr含量的下限均高于18%；代表型号中只有P530、15-15LC和P2000的Cr含量稍低，但其下限也达到了16%。②Mo含量显著偏低：中原特钢的W1813N和W2014N产品Mo含量的上限为1.0%，对比国外产品可以看出这样的Mo含量仅处于中等偏下水平，国外产品的Mo含量一般都控制在1%甚至2%以上，以保证足够的耐蚀性能。③N含量显著偏低：中原特钢的W1813N和W2014N产品N含量的上限仅为0.35%，对比国外同类型产品可以发现其主流产品N含量下限一般都已达到0.5%～0.6%，而部分产品如P580、P900N和P2000等其N含量下限已达到 0.75%甚至 1%，如此高的 N 含量保证了材料优异的强度性能。同时也看出中原特钢产品中较低的 N 含量应该是导致其强度性能不足的重要原因。另一方面，N 含量的提高也可以显著改善该类型不锈钢的抗局部腐蚀性能，因此将 N 含量提高至 0.6%左右是改善力学性能和耐蚀性能的必要手段。

综上所述，不难看出国外无磁材料已经不仅仅局限于满足相关标准的要求，而是已经达到了更高的强度指标，这对于提高市场竞争力很有必要。因此我们必须采取措施缩小与国外同类产品的差距，加大工艺研究力度，提高无磁钻具产品综合使用性能。

3.2.2 深海高强浮力材料

美、日、俄等国家从 20 世纪 60 年代末开始研制高强度固体浮力材料，以用于大洋深海海底的开发事业。美国海军研究实验室研制的轻质复合材料，当密度为 0.35g/cm^3 时，抗压强度为 5.5MPa。美国洛克希德导弹和空间公司研制的深潜用 SPD(submersible deep quest)级轻质复合材料，密度为 0.45～0.48g/cm^3，抗压强度为 25MPa，可潜水深 2430m。美国艾默生和康明复合材料公司(简称 ECCM)最近开发了 TG 和 DS 型两种新型的两相复合泡沫材料。TG 型材料密度为 0.38～0.45g/cm^3，可以在 0～4000m 水深区域使用；DS 型材料的密度为 0.5～0.56g/cm^3，最大使用深度超过 11000m。其中 TG 型新型两相复合泡沫材料由于密度小，具有更好的耐压性能及安全性，所以正逐渐取代三相复合泡沫材料在 0～4000m 水深的应用。虽然 TG 和 DS 型两相复合泡沫材料属 ECCM 公司的核心技术，无法查询到相关制备方法，但它们作为空心玻璃微珠与聚合物树脂的复合物，性能的改善必然与这两种原料及其复合工艺有关。

日本海洋技术中心对固体浮力材料的研制开发大体上分三个时期，第一个时期是 1970 年水深 300m 的潜水作业；第二个时期是 20 世纪 80 年代初研制载人深潜器“深海 6500”；第三个时期是 1987 年开始研制 10km 深的水下机器人。

俄罗斯目前也研制出用于 6km 水深固体浮力材料，密度为 0.7g/cm^3，抗压强度 70MPa。

美国、日本和俄罗斯等国家已经解决了水下 6000m 用低密度浮力材料的技术难题，并已形成系列标准。客户可以选用标准部件，也可根据需要提出要求，由公司的专业人员根据使用条件，设计满足耐压要求的各种复杂形状的结构件。固体浮力材料的主要制造商有：美国的 Emerson & Cuming 公司，Flo-tec 公司，欧洲 Flotation Technologies 公司，英国的 CRP 集团，乌克兰国立海洋技术大学等。研制的固体浮力材料密度为 0.35～0.7g/cm^3 不等，抗压强度 5.5～90MPa 不等。

相对于美国、日本、俄罗斯等深潜技术发达的国家而言，我国深海用固体浮力材料的研究开发起步较晚，与发达国家存在较大差距。国内前期研制的浮力材料一般采用聚氨酯泡沫、环氧树脂泡沫或其他发泡塑料，与国外同等材料相比，成本低，但耐压强度低，浸水一段时间后，会吸水，失去浮力，使用可靠性差，最大工作深度 400 m 左右。

国内浅海固体浮力材料采用软木、浮力球、浮力筒及合成泡沫塑料或合成泡沫橡胶，所用合成泡沫塑料的密度为 0.5～0.6g/cm^3，抗压强度为 4MPa，深海用固体浮力材料尚无单位进行研制。

1984 年哈尔滨船舶工程学院(现哈尔滨工程大学)研制成功了我国第一代固体浮力材料，称为泡沫复合材料。它主要采用空心树脂球、空心玻璃微珠、环氧树脂制成。密度为 0.55g/cm^3，抗压强度为 28.87MPa。用这种方法制作的固体浮力材料，因货源有困难，价格昂贵，未能实现工业生产。

原化工部海洋化工研究院于 1995 年研制开发了化学发泡法轻质复合材料，密度为 0.33g/cm^3，可潜水深 500m，已成功地应用于水下机器人、潜水钟及拖曳天线等深潜用途中，并对 1km、2km 用可加工轻质复合材料进行了探索试验，取得了突破性进展。

青岛海洋化工研究所开发的 SSB-300 固体浮力材料，由闭孔聚异氰酸酯-噁唑烷酮泡沫作为芯材，100%固含量喷涂聚脲弹性体(SPUA)作为包裹层组成，适用于水下 ROV 系统、各种潜器、海底电缆铺设等领域。该材料的密度为 0.2～0.35g/cm^3，最高破坏强度为 7.0MPa，工作压力为 0～4.5MPa，4.5MPa 静水压下形变率小于 0.5%，包覆层抗水渗透性好，耐盐雾、耐老化、耐海水，抗冲击、耐磨损，物理性能优异。SSB-300 固体浮力材料芯材的制备：将 A、B 双组分料混合均匀后，脱泡，导入模具中固化成型。喷涂包覆层要将芯材完全均匀地敷盖，喷涂施工时，环境温度必须高于露点 3℃以上，一般应在 5℃以上。

目前研制的可加工轻质复合材料，当密度为 0.55g/cm^3 时，抗压强度为 50MPa，用于 4.5～5.0km 水深。海洋化工研究院研制的可加工轻质复合材料已经在潜艇救生浮标、水下采矿机、潜艇拖曳天线、潜艇救生舱、潜艇信号浮标、水下机器人、海洋潜标、海底释放浮球等领域得到广泛应用。

2000 年国家海洋技术中心开始进行高强度轻质浮力材料的研究，目前已经在配方、工艺、成型技术等核心关键技术方面取得了突破，研究开发的高强度轻质浮力材料已在航天、海洋、国防等诸多领域中得到了广泛的应用。国家海洋技术中心高强度轻质浮力材料性能指标：密度 0.28～0.52g/cm^3，抗压强度 5.0～25MPa，可潜深度 500～4000m，吸水率≤1%，使用温度–45℃～80℃。

王启峰、孙春报等采用空心玻璃微珠填充环氧树脂研制固体浮力材料，实验中采用堆积密度 0.2～0.4g/cm^3，抗压强度小于 10MPa 空心玻璃微珠填充 WRS6101 环氧树脂固化体系，可以获得密度为 0.61g/cm^3、轴向压缩强度为 40MPa 以上的复合材料。

通过以上例子，我们可以得出结论：国内对于固体浮力材料的研究已开展多年，并取得了一定进展。但是，总体而言，浮力材料的密度及抗压强度仍与国外有一定的差距。特别是在制备过程中，采用的多为密度大、强度低的微珠，难于有效降低复合泡沫的密度，也不能进一步提升其强度。作者课题组采用一种具有独立知识产权的聚合物中空微球(直径为 5～12mm，如图 3-2 所示)，与聚合物树脂、空心玻璃微珠以适当比例混合，并可通过调节中空微球与玻璃微珠添加量，制备出一系列三组分固体浮力材料，密度为 0.39～0.60g/cm^3，抗压强度为 8.27～39.41MPa，满足不同使用条件(0～3500m)下海洋工程开发装备的浮力补偿，样品如图 3-3 所示。

图 3-2　聚合物中空微球

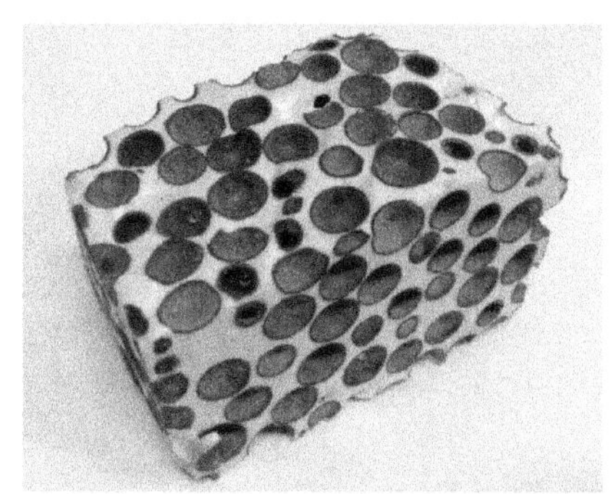

图 3-3　三相复合浮力材料

3.2.3　深海防腐涂料

腐蚀造成巨大的经济损失。腐蚀是金属与周围环境发生化学反应而导致的一种破坏性侵蚀。金属腐蚀是普遍存在的自然现象，存在于世界各地、各行各业。据估计，世界范围内因腐蚀造成的年损失约为地震、水灾、台风等自然灾害造成经济损失总和的 6 倍。腐蚀生锈的钢铁约占钢铁年产量的 20%。在我国，由腐蚀造成的直接经济损失约占年 GDP 的 3.5%，据粗略估计，2011 年达 1.7 万亿元，超过 10 个中石油的净收益。除因腐蚀带来的设备报废等直接经济损失外，因腐蚀造成的停车、效率下降、原材料和电能、热能损耗增加等间接损失更加惊人，甚至引起火灾、爆炸、人员伤亡及环境污染等事故。

腐蚀的分类与防护措施。金属的腐蚀可分为湿腐蚀和干腐蚀两类。其中，当有水存在时，金属表面会由于水的存在及其水中溶解的腐蚀性气体和某些盐类，使金属的电化学腐蚀大幅度增加。海水中盐的含量高且主要为溶解度大、渗透性强的氯化物。因此，金属材料在海水中的腐蚀速率快。为延长装备在海洋中的使用寿命，必须使用昂贵的钛材、特种合金钢或对金属进行防护。防止金属腐蚀的措施有涂层防护技术、牺牲阳极技术等。其中，涂层防护技术约占市场份额的 95%

左右，这其中使用有机涂层约占总防护技术的85%。因此，研究、开发、使用有机涂层对金属进行防护具有重要的实际意义。

涂层防护金属的基本原理。涂料防腐的基本原理在于涂料在被涂基材表面干燥固化后形成涂层，它的保护作用主要有以下三种：①屏蔽作用。根据电化学腐蚀原理，金属的腐蚀必须要有氧气、水和离子的存在以及离子流通导电的途径，漆膜阻止了腐蚀介质和材料界面的存在，隔断腐蚀电池的通路，增加了电阻。为提高涂层的阻隔作用，在涂料中经常加入片状物质(如云母片、云母氧化铁，玻璃鳞片等)以屏蔽水、氧、离子等腐蚀因子透过，切断涂层中的毛细孔。②钝化作用。在涂料中加入某些钝化金属的物质(如铅红、重铬酸钾等)，使金属表面形成金属的钝化膜防腐。③牺牲阳极的作用。在涂料中加入活泼金属(如锌粉、铝粉等)，当腐蚀介质进入涂层后将优先与这些活泼金属反应，保护基体金属。活泼金属的作用有两个，即优先与腐蚀介质反应，保护基体金属，同时被腐蚀后形成的物质往往使体积增加，使涂层更致密。

现有涂料、涂层防护技术不能满足深海装备防护要求。调查表明，世界范围内，海洋环境中的重防腐工艺均使用富锌、铝或活泼金属的底漆，使用片状材料(玻璃片、云母片或黏土矿物)的中间漆以及多种多样面漆(根据环境和要求而定)。该工艺使用的底漆具有金属含量高、涂层的孔隙率较高，依靠中间漆使用片状材料延长腐蚀介质传递路径的方式。在深海中，海水的巨大压力使腐蚀介质在涂层中的渗透性增强，海水会进入涂层内部侵蚀活泼金属，活泼金属在腐蚀初期体积膨胀，在产物与金属基体以及产物与周围树脂之间形成应力，应力使界面上产生裂隙，裂隙的延伸、扩展使涂层粉化、脱离基体金属表面，从而涂层的防护作用失效。另外，深海，尤其是海底，不同于浅海或海面的情况在于有时有特种海洋微生物，例如：硫酸还原菌，使局部的硫化氢含量高。当然，深海的高压力也会使某些气体、盐类溶解度增大，从而出现腐蚀加速的情况。因此，常规条件下的涂料不能适用于深海装备。

深海油气钻采设备是典型的处于重腐蚀环境的装备。油气与矿产资源勘探、建设与生产离不开各种各样海洋装备，这些装备，尤其是生产装备，例如：水下采油树、水下管汇中心和油气管线长期处于强腐蚀的海洋环境中。因此，需要进行防护处理。不同深度的海洋环境有不同的腐蚀特性。通常认为，飞溅区具有最高强度的腐蚀，随着深度的增加，海水中的微生物和溶解氧的浓度降低，腐蚀强度下降。但随着深度的进一步增加，由海水产生的巨大压力使海水侵入涂层的微孔并与涂层中的活泼金属发生反应，随着反应的进行，涂层将会失去防护效果，可以预期，腐蚀强度随深度的增加而增加。因此，应根据装备所处的环境来设计、使用不同的涂料进行防护。

3.3 小　　结

据预测，至 2020 年，我国石油需求量将高达 4.3 亿吨，届时将有 60%的石油依赖进口，这一比例将严重危及我国能源安全。从油气资源蕴藏分布展望，勘探开发深海石油将是今后我国获取该能源的主要途径。而深海石油开采过程中钻采部件将经受高压海水环境下的磨蚀与 H_2S、CO_2 等腐蚀介质的严重侵蚀，其耦合作用将使诸多部件在此严酷环境下的寿命只有几个小时。如果出现非正常事故停钻(如：为钻采系统起扶正稳定作用的扶正器工作面上耐磨镶嵌合金柱脱落)，一次性损失就达 50 万～100 万元。以我国目前海、陆石油钻井平台 5000 座计算，如果能通过有效地防护处理而每年各减少一次以往发生概率极大的非正常停钻事故，则将减少损失 25 万亿～50 万亿元。然而，由于深海材料蚀损机制研究平台空白，研究探索浅显，从而导致深海石油钻采装备与部件的国产化率及其防护材料制备和防护技术难以突破和进展。鉴于我国能源的战略需求和海洋强国建设正走向深远化的大趋势，作者团队开展了深海材料蚀损模拟平台、钻采装备及部件防护材料与防护技术的研发，并取得了一些初步成果。另外，北京科技大学、钢铁研究总院、中国科学院金属研究所、东北大学、厦门大学、中国海洋大学、上海交通大学等团队也都在不同领域为深海装备材料的研发做出了重要贡献，并取得了一些重要进展，但总体而言，这方面的研究还没有形成一个完整的体系，还没有像航空材料的研究那样形成合力。

参 考 文 献

[1] 陈树永, 林宪生, 李新妮. 欧洲海洋开发与利用现状研究及对我国的启示[J]. 海洋开发与管理, 2009, 26(3): 22-27
[2] 毛昭均. 向深海进军: 深海开发刻不容缓——访深海工程专家段梦兰[J]. 中国石油石化, 2007(6): 66-69
[3] 崔维成, 徐芑南, 刘涛, 等. “和谐”号载人深潜器的研制[J]. 舰船科学技术, 2008, 30(1): 17-25
[4] 张雪彤, 张荣华, 胡书敏, 等. 大洋中脊热水探测与新型传感器[J]. 地质论评, 2006, 52(6): 843-847
[5] 刘淮. 国外深海技术发展研究(一)[J]. 船艇, 2006(10): 6-18
[6] 刘淮. 国外深海技术发展研究(二)[J]. 船艇, 2006(11): 18-23
[7] 刘淮. 国外深海技术发展研究(三)[J]. 船艇, 2006(12): 16-23
[8] 刘淮. 国外深海技术发展研究(四)[J]. 船艇, 2006(13): 30-41
[9] 冯盛雍. “蛟龙”入海 9 小时下潜 3759 米——我国首次载人深潜试验成功[N]. 重庆商报, 2010-8-27(7)
[10] 尹士科, 何长红, 李亚琳. 美国和日本的潜艇用钢及其焊接材料[J]. 材料开发与应用, 2008, 23(1): 58-65
[11] 徐科. 英国潜艇用钢及其焊接材料[J]. 材料开发与应用, 2010, 25(1): 55-58
[12] 杨才福, 张永权. 新一代易焊接高强度高韧性船体钢的研究[J]. 钢铁, 2001, 36(11): 50-54
[13] 张峰学. “阿尔法”级核潜艇[J]. 海事大观, 2005(2): 50-54
[14] 施征. 俄罗斯 945AБ 多用途攻击核潜艇[J]. 海事大观, 2010(1): 68-74

[15] Stachiew J D, Kurkchubasche R R. Ceramics show promise in deep submergence housings[J]. Sea Technology, 1993, 34(12): 35-41

[16] 冯立超, 乔斌, 贺毅强, 等. 深海装备材料之陶瓷基复合材料的研究进展[J].材料热处理技术, 2012, 41(22): 132-136

第 4 章　金属材料在深海环境下的应用

引　言

金属材料以其优越的力学性能、可再生性能等特性，已被广泛地应用于人类的生产和生活活动中。在科技兴海等重大海洋战略的实现过程中，金属材料作为重要的物质基础，被寄予厚望[1]。然而目前研究表明，金属材料在深海环境中的服役性能与其在浅海环境中的服役性能并不相同，因此，为了确保在深海环境下服役的深海装备等所用的金属材料足够的服役安全性及服役寿命，大量科研工作者已投身于金属在深海环境中服役的具体特性的研究及机理揭示等工作。本章通过综述科研工作者在深海环境中金属材料性能研究的进展，归纳了深海环境中各个主要因素对金属材料的影响规律，从而进一步引出了较全面的分析、评价深海用金属材料的指标。在阐述过程中，对不同金属材料在深海环境中的研究进展进行了回顾梳理，旨在让读者能够掌握目前金属材料在深海环境下的应用情况。本章还重点阐述了目前深海用金属材料的研究方向，并对实验室研究取得的最新进展进行了报道。

4.1　深海环境下的金属材料应用

4.1.1　金属材料的概念

金属材料是指金属元素或以金属元素为主构成的具有金属特性材料的统称。金属材料通常分为黑色金属、有色金属和特种金属材料。黑色金属中铁基材料的年产量约占整个金属材料的七成以上；有色金属是指除铁、铬、锰以外的所有金属及其合金，通常分为轻金属、重金属、贵金属、稀土金属等，其合金强度及硬度一般大于纯金属，且电阻大、电阻温度系数小；特种金属材料指不同用途的结构金属材料和功能金属材料。

金属材料具有良好的弹性、强度、塑性、硬度等，已被人们广泛地应用于生产和生活活动中。尤其是金属材料中的钢铁材料，由于铁元素在地壳中极其丰富(图 4-1)，造价成本较低，加之其自身力学性能的优势，其年产量已经超过整个金属材料的七成以上。钢铁作为结构材料的主体，其发展直接影响着与其相关的国防工业及建筑、机械、造船、汽车、家电等行业。

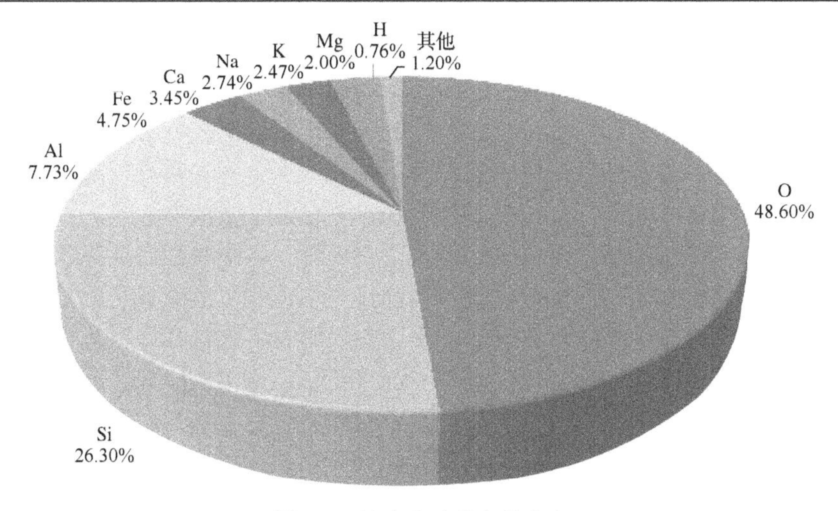

图 4-1　地壳中元素含量分布

金属材料在浅海范围内的应用已经很广泛了，我国已经建立了一系列关于海洋用金属材料的国家标准，如表 4-1 所示。然而，目前关于金属材料在深海环境中的国家标准尚未颁布，即使在国际上也没有相关标准。这主要是金属材料在深海环境中的服役规律还处于研究阶段，还没能形成较为统一的结论及理论，关于金属材料在深海环境中的应用还有待进一步研究。

表 4-1　金属材料相关国家标准(部分)

编号	标准名称
GB 712—2011	船舶及海洋工程用结构钢
GB/T 229—2007	金属材料夏比摆锤冲击试验方法
GB/T 4161—2007	金属材料平面应变断裂韧度 K_{IC} 试验方法
GB/T 6384—2008	船舶及海洋工程用金属材料在天然环境中的海水腐蚀试验方法
GB/T 12444—2006	金属材料磨损试验方法试环-试块滑动磨损试验
GB/T 13239—2006	金属材料低温拉伸试验方法
GB/T 15748—2013	船用金属材料电偶腐蚀试验方法

4.1.2　深海环境特点

金属材料在深海环境中的服役规律还不能形成较为统一的结论及理论，主要由以下几点原因造成。

(1)深海环境与浅海环境有着明显的差异，金属材料在浅海的服役行为与其在深海时的服役行为不同，从而使得已有的关于金属材料在浅海的服役规律不能直接适用于深海环境中。这就要求对拟在深海环境中使用的金属材料重新进行系统、深入的深海服役性能研究。

(2) 深海实投试验开展比较困难，需要花费大量的人力、物力、财力，周期较长，而且试验会存在一定的风险。深海实投试验结果一般为特定海域特定深度的综合因素共同作用下最真实的试验结果，但是深海实投试验不能很好地区分深海环境中各个独立因素对金属材料服役的影响规律，且随着时间及海域的变换，海水中各个因素会随之改变，会使得深海实投结果的重现性较差。

(3) 实验室开展的金属材料深海服役行为的研究，往往通过控温高压反应釜等设备模拟深海高静水压、温度变化等环境因素[2]。通过人为调控单一变量，来研究变量对金属材料在模拟深海环境中服役行为的影响，这可以从实验室模拟角度对金属材料在深海环境中的服役行为有一定的评估、预判作用。然而实验室模拟环境不能简单地模拟出真实的、复杂的深海环境，而且多个因素之间的交互作用也是实验室开展金属材料深海服役行为研究的一个重点难题。

不同领域对于深海有着不同的界定：按《中国大百科全书》中的定义，深海是指 200m 以下的海洋环境；在军事领域通常将深海定义为 300m 深的海洋；在科研领域里也有人将深海定义为 1000m 深的海洋。深海环境与浅海环境存在着较为明显的差异，如静水压、温度、溶解氧含量、pH、盐度、溶解 CO_2 含量、流速以及生物环境等[3]。这些因素都会对金属材料在深海环境中的服役行为，尤其是其腐蚀行为有着影响。

(1) 静水压：由静力学方程可以知道，若海水密度保持不变，海水静水压与海深呈直线关系。Venkatesan 等[4]研究了印度洋测试点的海水静水压与其深度的关系，发现在海水环境下 99%的海水密度为其平均值 1.03×10^3kg/m^3，误差不超过 2%。一般地，可以近似认为在海洋中每下潜 10m，海水的静水压会增加 1atm (1atm= 1.013×10^5Pa)。

(2) 溶解氧：随着海水深度的增加，海水中溶解氧的含量先减小后增加。这是由于空气与浅海的海水表面区域充分接触，使得表层海水的溶解氧基本达到饱和状态，绿色植物的光合作用和海浪的运动会产生大量的氧气；随着海水深度增加，光照随之减弱，绿色植物大幅减少，光合作用产生的氧气会随之减少，同时，海洋生物在一定深度下生存以及微生物腐败降解都需要消耗氧气，这都会使表层以下海水溶解氧含量随着海水深度的增加而迅速降低，通常在 500～1000m 时溶解氧含量会达到最小值；随着海水深度进一步增加，海洋生物影响已经很小，由于海水静水压的增加、温度的降低以及周边海域海水的对流，溶解氧含量将随着深度的增加而缓慢地增加。海水中溶解氧含量的变化曲线如图 4-2 中曲线 1 所示[5]。

(3) 温度：随着水深的增加，海水温度逐渐降低，并且降低速率会逐渐减缓。在 500m 水深处的海水温度降到 10℃以下，在 2000m 处深度海水温度约为 2℃，在 5000m 深处的海水温度约为 1℃。在海底烟囱区周围的热液区，海水温度一般可以达到近 400℃。由于海底地质不同，热液区的分布也不均匀，因此，在不同

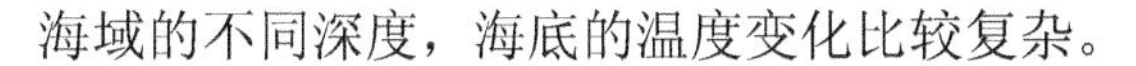
海域的不同深度，海底的温度变化比较复杂。

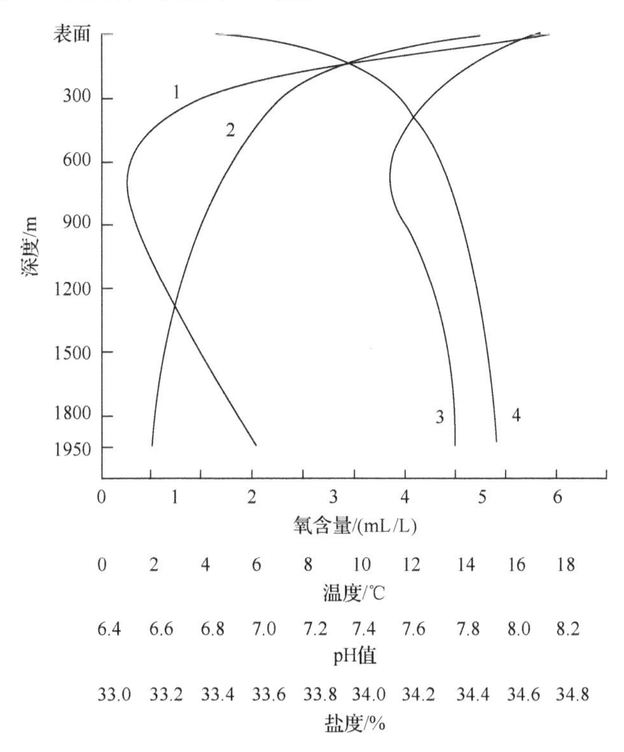

图 4-2　美国太平洋海水中氧含量、温度、pH 值、盐度随海水深度变化曲线
1.氧含量；2.温度；3.pH 值；4.盐度

(4) pH 值：海水的 pH 值是相对比较固定的，一般为 7.4～8.2。随着静水压的增加，由动力学因素，海水的 pH 值将降低；当静水压进一步增加，会影响溶解氧的化学反应，消耗溶液中氢离子，从而使得 pH 值有所增加，其变化曲线如图 4-2 中曲线 3 所示。

(5) 盐度：在深海环境下，海水中的盐度约为 3.5%，变化幅度非常小。因此，可以认为盐度在整个海洋环境中是一个常量。其变化规律如图 4-2 中曲线 4 所示。

(6) 溶解 CO_2 含量：CO_2 溶于水形成的碳酸与碳酸氢根、碳酸根离子达成平衡，对海水的酸碱性起到缓冲作用，表层海水总的无机碳中 93%为 HCO_3^-，6%为 CO_3^{2-}，1%为 CO_2。在其他环境下，总的无机碳中 HCO_3^- 浓度也总是超过 85%，CO_3^{2-} 在表层的含量较高，CO_2 在深海海水中比例较高。

(7) 流速：海水流速随着地域和深度的不同而有差异，是一个复杂的变量。海水的流速会增加溶液中的溶解氧等物质的扩散并会与深海金属之间存在冲刷作用。一般而言，深海环境的海水流速会比浅海区域海水的流速低。

(8) 生物环境：随着海水深度增加，海洋生物数量急剧减少；在深海海泥区一般都含有 SRB，且不同海区的 SRB 含量会有一定差异[6]。随着海水深度的变化，微生物的种群也会存在明显的差异，如厌氧型、嗜氧型、兼氧型、喜光型、厌光型等。

通过上述几点归纳，可以看出深海环境与浅海环境存在着明显的差异，这些因素之间又协同作用于金属材料。因此，金属材料在浅海环境服役的相关理论不能直接用于深海环境中。

4.1.3　深海用金属材料的特性

金属材料在深海环境中主要是作为结构材料使用，因此，材料的强度等力学性能对其应用有非常重要的影响。研发高强钢对于减少深海环境用装备的自身重量、服役安全性、承载能力等有重要意义；在研发高强钢时，综合考虑优化材料的韧性也非常重要。

腐蚀作为材料最常见的三大失效形式之一，一直以来是工程应用必须考虑的问题。金属材料的腐蚀尤其严重，每年由于金属材料腐蚀使 10%～20%的金属损失掉，世界各国每年因腐蚀造成的直接经济损失约占其国民生产总值的 1%～5%[7]。腐蚀的危害除了体现在经济损失上，它还会带来一系列其他严重的危害，如人员伤亡、环境污染、资源浪费等。海水是一种含高浓度氯离子的强电解质溶液，会加速金属材料的腐蚀，因此对于深海金属材料选择时应该充分考虑材料的耐腐蚀性能或采取相应的防腐或监控措施；对于深海作业的设备，其在服役过程中，有些构件会处于摩擦环境中，如深海挖沟水下机器人、锰结核收集链斗机、海底输矿管道等，海水中洋流的运动、构件之间的碰撞、摩擦等，对于深海金属材料会有不同程度的冲刷、撞击、摩擦等作用，在深海环境中选择金属材料时，也要考虑材料的耐冲刷、撞击、摩擦等性能；由于深海环境中生物环境的存在，应该考虑生物污损对金属材料的影响，金属材料表面应该具有一定的抗生物污损性能或采取相应措施以改善其表面的防污性能。

为了满足深海苛刻环境的需求，对于在深海环境中应用的金属材料，应该根据其具体的服役环境及工况需求全面综合的评价金属材料的性能指标。一般情况下，可以从以下几个主要方面进行全面综合的考虑评价。

1. 力学性能指标

(1) 屈服强度 $\boldsymbol{\sigma_s}$：金属材料的屈服强度是评价材料抗塑性变形能力的一个指标，该指标的高低直接影响金属结构材料的承载性能。高的屈服强度是高强钢追求的目标之一，提高材料的屈服强度有利于减少构件的质量，增加构件的承重性等。

(2) 抗拉强度 $\boldsymbol{\sigma_b}$：金属材料的抗拉强度是评价材料最大承载能力的一个指标。

若工况环境的载荷超过金属材料的抗拉强度时，金属材料会发生断裂，从而导致重大事故的发生。

(3) 弹性模量 $\boldsymbol{E}$：此指标是描述金属材料在弹性形变时随外加应力而产生应变的一个指标。弹性模量较大时，材料抗弹性变形能力较强，这对设计构件系统很重要。

(4) 伸长率 $\boldsymbol{\delta}$：此指标并不能直接表征金属材料的韧性，但是可以表征金属材料的塑性。材料的塑性好坏对于其塑性加工能力有重要的影响。

(5) 冲击吸收功 $\boldsymbol{A_K}$：深海用金属材料的冲击吸收功用于表征材料的韧性，在评价金属材料的韧性时，应该全面考虑金属材料在深海环境中的使用环境，尤其是温度因素，因为体心立方金属材料的冲击吸收功对测试温度有较高的敏感性。

2. 摩擦性能指标

(1) 摩擦系数：此指标是评价摩擦过程中材料性能的一个重要指标。摩擦系数的大小对于能耗有直接的影响。

(2) 磨损率：此指标是评价金属材料在摩擦过程中耐磨性的指标。磨损率越低，金属材料的耐磨性越好、服役安全性越高、服役寿命会越长。

3. 腐蚀性能指标

(1) 腐蚀类型：金属材料在深海环境中的腐蚀类型分为均匀腐蚀和局部腐蚀两大类，往往局部腐蚀的危害性比均匀腐蚀的危害性更加严重。

(2) 腐蚀速率：评价金属材料在深海环境中材料损失的快慢程度，往往用于评价均匀腐蚀类型的金属材料，因为对于局部腐蚀类型的金属构件而言，腐蚀速率并不能很好地表征材料的局部腐蚀程度，不能很好地预估局部腐蚀类型金属构件的服役寿命及安全性。

(3) 腐蚀强度指标：此指标为金属材料腐蚀前后的强度极限变化率，多用于评价发生不均匀腐蚀的金属材料的腐蚀程度。

(4) 腐蚀延伸率指标：此指标为金属材料腐蚀前后延伸率的变化率，往往用于评价发生不均匀腐蚀的金属材料的腐蚀程度。

(5) 腐蚀形貌表面粗糙度：通过分析腐蚀金属表面除锈后的表面粗糙度，可以在一定程度上表征材料的不均匀腐蚀程度。

(6) 点蚀深度：通过分析腐蚀后不均匀腐蚀点蚀坑的深度等情况，判断金属材料的点蚀腐蚀情况，点蚀越深、量越大则对金属材料的服役安全及服役寿命越不利。

(7) 腐蚀电化学指标：利用电化学的测试方法表征金属材料的耐腐蚀性能，此类指标可以分为两类：热力学指标和动力学指标。随着微区电化学技术的发展，此类方法既适用于均匀腐蚀类型的腐蚀评价，又适用于局部腐蚀类型的腐蚀评价。如开路电位、自腐蚀电位、自腐蚀电流密度、极化电阻、交流阻抗等。

4.2 金属材料在深海环境中的研究进展

4.2.1 高性能金属材料研究进展

高强金属材料可以用作深海装备的耐压壳材料，目前深海装备耐压壳使用的金属材料主要有两种：钢和钛合金[8]。美、日、英和俄等国的潜艇都使用钢作为耐压壳体材料，这些国家的一部分深潜器使用钛合金作耐压壳体。其中，美国深潜器的耐压壳主要使用 HY 系列调质钢和钛合金。1969 年美海军用 HY-130 钢建造深海救援艇“DSRV-Ⅰ”号，不久又用于建造“DSRV-Ⅱ”号和核动力深潜器“NR-1”号。美海军的先进蛙人输送系统(ASDS)的前两艘艇 ASDS Ⅰ和 ASDS Ⅱ的耐压壳材料使用的是 HY-80 钢。美海军的“海崖”号深潜器使用钛合金(Ti-6Al-2Nb-1 Ta-0.8Mo)作耐压壳材料，该深潜器的下潜深度为 6100m。日本舰艇用钢有 NS-30、NS-46、NS-63、NS-80、NS-90、NS-110，其“深海 2000”深潜器使用钛合金(Ti-6Al-2Nb-4VELI)做耐压壳材料。

英国在第二次世界大战后研制了 QT 系列潜艇用钢，并用其建造潜艇，1968 年制定了 Q1(N)钢的规范，后来还仿制了 HY-100 和 HY-130，并分别命名为 Q2(N)和 Q3(N)钢。英国“机敏”级潜艇使用 Q2(N)作为耐压壳材料。俄罗斯是世界上第一个用钛合金建造潜艇耐压壳的国家，其用钛合金建造潜艇的技术世界领先，俄罗斯先后制造了四级钛合金作耐压壳的潜艇，其余潜艇均采用高强度钢作为耐压壳体材料(如 CB-2 钢)。钛合金具有强度高、质量轻、低磁性和耐腐蚀等优点。用钛合金作耐压壳材料可降低潜艇排水量、增大潜深和提高潜艇的隐蔽性。但是钛合金的制造价格昂贵，因此限制了其在深海领域中的应用。

高性能钢具有承受力强、易于加工、成本低廉的特性，同时其韧性和疲劳强度等性能都很高，这使得其在深海设施的制备中得到了更广泛的应用。主要包括深海管线钢 X70 钢板以及 R3 级海洋系泊链用钢。表 4-2 和表 4-3 分别给出了 X70 深海管线钢的化学成分要求和力学性能要求。

表 4-2 X70 深海管线钢化学成分要求

元素	C	Si	Mn	P	S	Al	Nb	Mo, Ni, Cr
质量分数/%	0.060	0.200	1.650	≤0.008	≤0.002	≤0.040	≤0.065	微量

高性能合金材料主要包括钛合金、镍合金、铝合金以及铜镍合金等。钛材料是现在工业使用的金属材料中耐腐蚀性能最好的材料之一。深海调查船使用最多

表 4-3　X70 深海管线钢的力学性能要求

横、纵向			横向		横向
R_{eL}/MPa	R_m/MPa	R_{eL}/R_m	A_{KV}(−20℃)/J	SA_{FA}(−20℃)/%	SA_{DWTT}(−10℃)/%
505~605	570~760	≤0.88	单值≥90，均值≥120	单值≥80，均值≥90	单值≥75，均值≥85

注：R_{eL} 为下屈服强度；R_m 为抗拉屈服强度；R_{eL}/R_m 为屈强比；A_{KV} 为冲击功；SA 为试样断面剪切面积的百分比；DWTT 为管线钢落锤撕裂试验。

的就是耐海水腐蚀特性非常好的 Ti-6Al-4V 合金。美国的阿鲁宾号、法国的诺契鲁号等乘务员用的耐压仓就是由 Ti-6Al-4V 合金制成的。此外，美国的纽库利夫号乘务员用的耐压仓使用的是 Ti-6Al-2Nb-1Ta-0.8Mo 合金，是美国开发的用于制造海洋用重载高强度构件的材料，其抗拉强度、耐海水腐蚀特性等与 Ti-6Al-4V 合金大致相同。我国自行设计、自主集成研制的载人深潜器“蛟龙号”和无人潜水器“海斗”号的外壳就是利用钛合金制备的(彩图 10)。除了钛合金以外，镍合金是海水或海洋环境用紧固件可选用的一种材料，这类合金的强度比铜镍合金、不锈钢等高得多，含镍量在 9%～16%的镍合金具有非常好的耐海水腐蚀性能。沉淀硬化镍基合金是通过添加铝、钛、铌和钴进行强化的，沉淀硬化镍基合金是高强度紧固件最适用的一种合金，这类镍基合金的屈服强度可以达到 825～952MPa，还有一种类似于钛合金的 MP35N 合金。铝合金的密度小、质轻、导电导热性好、耐腐蚀、易加工的特性使其很好地符合深海特殊环境的需求。研究表明，铜镍合金作为调幅分解强化型合金，具有很好的抗腐蚀性能和抗海洋生物生长能力，且强度高、有较好的导电导热性、优良的抗热应力松弛性能以及较好的抗疲劳特性，这都使得铜镍合金在深海材料的研制中得到广泛关注。其中，含镍 10%的铜镍合金，其抗腐蚀性能更好，对腐蚀的温度敏感性较低，抗污性能好，且生产工艺难度小，成本低廉。

4.2.2　金属材料深海腐蚀研究进展

1962～1970 年，美国加利福尼亚怀尼米港海军民用工程实验室在太平洋水域表面及据表面水深 762m 和 1828m 处投放了 475 种金属与合金共计约 20000 件样品进行实海腐蚀试验，试验周期为 123～1064 天，深海实投实验的装置示意图如图 4-3 所示[9, 10]。苏联也曾于 1975 年在太平洋西北地区利用水文浮标附近的浮标索研究了 6 种金属及合金材料在 10～5500m 十五个海水深度 20 天和 40 天的平均腐蚀速率、局部腐蚀和缝隙腐蚀行为，试验也研究了深海条件下环境因素对试样腐蚀速率的影响。Venkatesan 等[11-13]也在印度洋中 500m、1200m、3500m 和 5100m 深度处进行了实海暴露试验研究，试验分三个阶段，时间分别为 168 天、174 天和 174 天，实验材料共计 22 种，投入试样总数约为 808 片，实际收回 688 片。我国 2006 年在南海海域 1300m 处成功投入第一批试样进行实海暴露试验。

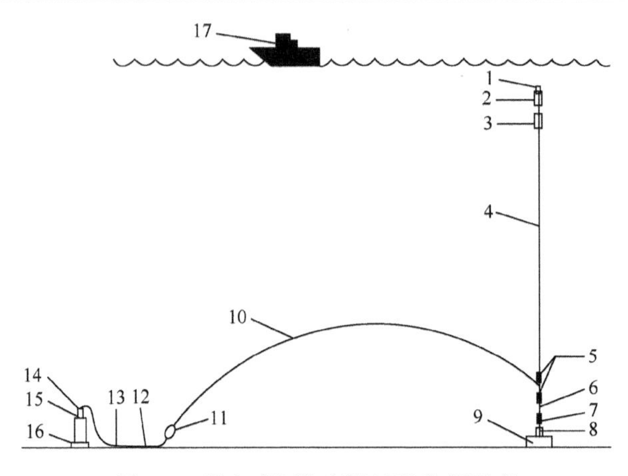

图 4-3　坐底式深海腐蚀试验装置示意

1.信号装置；2.上浮标；3.声脉冲发生器；4.连接绳；5.旋转接头；6.下浮标；7.流表；8.锚释放装置；9.锚重物；10.连接绳；11.旋转接头；12.链条；13.连接绳；14.旋转接头；15.声脉冲发生器；16.试样架；17.试验船

Beccaria 等[14, 15]保持其他参数(溶解氧、温度等)不变的情况下，在实验室模拟研究了不同深度海水静压力对铝及其合金、AISI300 及 AISI400 系列不锈钢腐蚀行为的影响，研究结果表明海水静压力对腐蚀的影响与不同压力下金属或合金表面形成的腐蚀产物膜的特性有关系。一方面在较高压力下氯离子活性增加，更易渗透不锈钢钝化膜，多种金属氧化物能转化为水溶性氯氧化物，从而形成点蚀；另一方面压力增加会降低离子的水合程度，氧化物/氢氧化物比值随之发生改变，因此形成腐蚀层的保护特性也发生改变，钝化膜成分的改变既可能降低、也可能增加不锈钢材料的抗局部腐蚀或全面腐蚀性能。

中国海洋大学王佳等[16]在常压条件下通过控制温度、含氧量、盐度、pH 值等条件，用电化学方法研究了材料的腐蚀速率，研究结果表明温度、溶解氧、盐度、pH 值是评价海洋工程材料的主要参数。

金属材料的腐蚀速率与溶解氧有关系，但不同的金属及合金材料受到溶解氧含量变化的影响规律则不同。溶解氧通常在 500～1000m 时最小，在深海环境下溶解氧已经达到了足够使许多金属发生腐蚀的含量，除了金属镁等的阴极过程以析氢反应为主外，其他金属及合金材料的阴极过程都是以吸氧反应为主。

Sawant 等[17]通过研究低碳钢、不锈钢、铜、黄铜及铜镍合金在阿拉伯海和孟加拉海湾浅海、1000～2900m 处暴露一年的腐蚀行为发现，黄铜的腐蚀速率与海水的深度无关，其他金属材料在 2900m 深处的腐蚀速率比在 1000m 深处和在浅海环境下的腐蚀速率更低。

浅海腐蚀速率大小规律：

低碳钢＞铜＞铜镍合金＞黄铜＞不锈钢

深海腐蚀速率大小规律：

低碳钢＞铜镍合金＞黄铜＞铜＞不锈钢

Fink 和 Reinhart 等[18, 19]分别研究了铝镁合金在太平洋表层海水和深海中的腐蚀行为，发现在深海环境中 5000 系列的铝镁合金点蚀速率可能会加快。在 700m 深海环境下铝镁合金的点蚀速率最大，为表层海水的 3 倍，而在 1700m 深处则为表层海水的 2 倍，其点蚀速率随氧含量增加呈递减规律。印度国家海洋技术研究所的 Venkatesan 等[11-13]证实深海环境中氧含量是影响铁基合金均匀腐蚀过程的主要因素，低碳钢在深海中的腐蚀速率随氧含量的降低而减小，SS304、SS316、Ti 及 Ti6Al4V 钛合金在深海环境中未检测到腐蚀。

由于材料的化学反应性能会随着环境温度的降低而降低，因此，随着深海深度增加，海水温度降低，金属材料的化学反应性能会随之降低。但是海水温度降低的同时增加了溶液中的溶解氧，因此又有可能对金属材料的腐蚀有一定的增加作用。

海水的 pH 值相对稳定，在 7.4～8.2 之间，一般对金属材料腐蚀的影响不明显，但对于铝镁合金点蚀及缝隙腐蚀而言，会随 pH 值的降低而增加[20, 21]。

盐度对溶液的导电性以及腐蚀产物膜的破坏作用均有重要影响，盐度适当地增加会增大金属材料的腐蚀程度；当海水盐度继续增加，会降低溶液中的含氧量，这会对金属材料的腐蚀过程有一定的抑制作用。一般地，当模拟海水中的 NaCl 浓度达到 3.5%时，金属材料的腐蚀最为严重。

海水流动对钢的腐蚀速率有加速的作用，海水流动一方面减小金属表面氧的去极化作用；另一面，冲刷削弱了腐蚀产物沉积对腐蚀的阻滞作用[20]。一般情况下，海水表层的流速比深海的流速高。日本研究结果表明，碳钢在深海环境趋向于均匀腐蚀，比浅海腐蚀速率显著减小，缝隙腐蚀不明显；不锈钢在深海及浅海环境下均产生了严重的缝隙腐蚀。

高水压环境下涂层具有较高的渗水性，对防腐不利。研究表明一般在浅海比深海环境下对同一种材料所需的阴极保护电流更高。极化电流的变化主要取决于实验地点、季节及海水深度。纬度越高，初始的阴极保护电流需求量也增加，这与海水流速增加有关。

在表层海水环境下，海洋生物对材料及构件的腐蚀极其严重[6]。随着海水深度增加，海洋生物数量急剧减少，微生物的影响会减缓。当到达海泥区时，由于存在 H_2S 和微生物等的作用，因此靠近海泥区的深海海底环境对金属材料及构件的腐蚀影响可能增强。

Wang 等[22]研究了 316、C-276、625、Ti6Al4V 等合金材料在模拟深海环境下的磨损行为及机理(图 4-4)。研究结果表明 316、C-276、625 三种金属材料随着海水静水压的增加，其磨损率随之增加，且在相同条件下，316 的磨损率＞625 的磨损率＞C-276 的磨损率，其磨损机理为剥层磨损；而 Ti6Al4V 的磨损率与前述三种材料规律不同，其磨损率随着海水静水压的增加而减少，当静水压达到 4MPa 时，其磨损率几乎可以忽略，其磨损机理为磨料磨损。

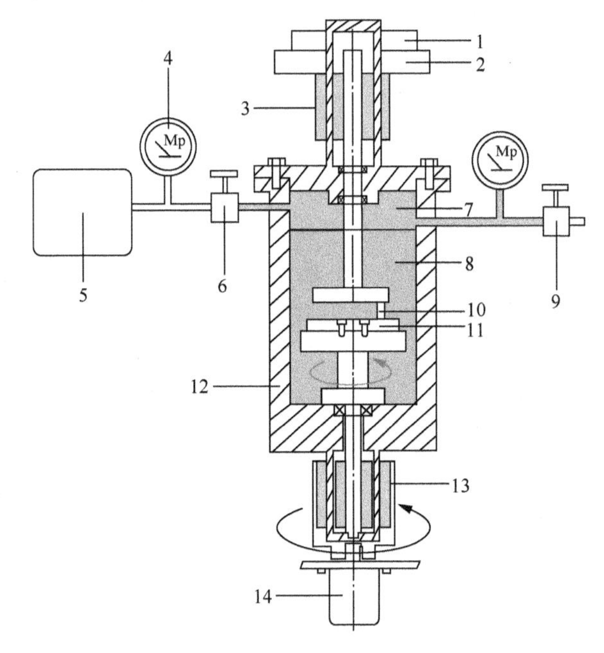

图 4-4　模拟深海环境下的磨损试验装置

1.砝码；2.加载台；3.磁力加载系统；4.压力表；5.氮气槽；6.进气阀；7.氮气；8.海水；9.放气阀；10.磨头；11.转台；12.反应釜；13.磁力驱动系统；14.电动机

目前，关于金属材料在深海环境中的相关服役性能仍在进行着大量的理论和试验研究，一方面是确认其在深海环境中的服役行为及规律，另一方面是通过研究揭示金属材料在深海环境下的服役机理。这对金属材料在深海环境下的应用提供了必要的前提，为深海环境下的选材、材料设计等提供了必要的理论基础。

4.3　几种典型金属材料在深海环境中的服役行为

通过在印度洋海域不同深度处对不同金属材料进行 95 天的实海浸泡[4]，介绍以下几种典型金属材料在深海环境中的服役行为。

4.3.1　纯铝在深海中的应用

图 4-5 为纯铝在印度洋海域不同深度实海浸泡 95 天的腐蚀速率，由图 4-5 可知，纯铝在深海 500m 处的腐蚀速率比 1200m 和 3500m 处的腐蚀速率更大，且腐

蚀速率最高值发生在海底区域。纯铝在深海环境中的腐蚀形貌为典型的点蚀类型，如图 4-6 所示。纯铝材料在深海环境中的腐蚀反应为铝元素的阳极溶解过程及溶解氧的去极化过程，其反应方程式如式(4-1)～式(4-4)所示。

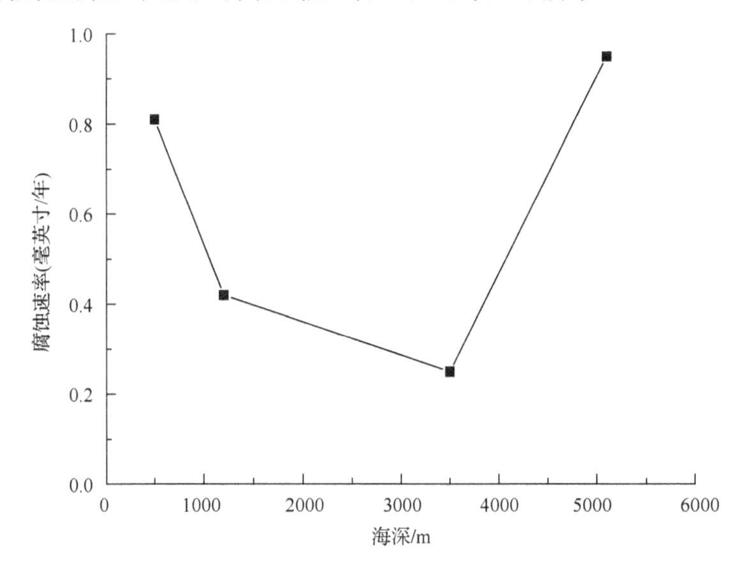

图 4-5　纯铝在印度洋海域不同深度实海浸泡 95 天的腐蚀速率

1 英寸=25.4mm。下同。

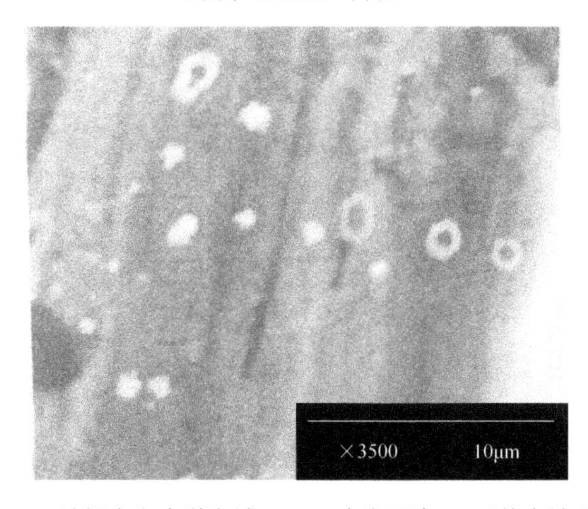

图 4-6　纯铝在印度洋海域 5100m 实海浸泡 95 天的点蚀形貌

阳极反应及电极电位表达式：

$$M - ne \rightarrow M^{n+} \tag{4-1}$$

$$E_a = E_{M/M^{n+}} + \frac{RT}{nF}\ln\alpha_{[M^{n+}]} \tag{4-2}$$

阴极反应及电极电位表达式：

$$O_2+4H^++4e\longrightarrow 2H_2O \tag{4-3}$$

$$E_{OH^-/O_2}=1.23-0.059\,pH+\frac{RT}{nF}\ln p_{O_2} \tag{4-4}$$

由上述反应方程可以看出，纯铝的腐蚀电位等电化学参数会随着静水压的改变而改变。同时，静水压的增加可以改变溶液中的氯离子活性等，会降低纯铝腐蚀产物膜的保护性。

图 4-7 为工业纯铝在印度洋海域不同深度实海浸泡 95 天的腐蚀速率，由图 4-7 可知，工业纯铝在 500m 处的腐蚀速率最大。与纯铝的实海浸泡结果对比可以发现，工业纯铝中微量的 Fe、Si 元素可以提高材料的腐蚀阻抗，防止点蚀的发生。静水压对工业纯铝在深海环境中的腐蚀行为影响不明显。

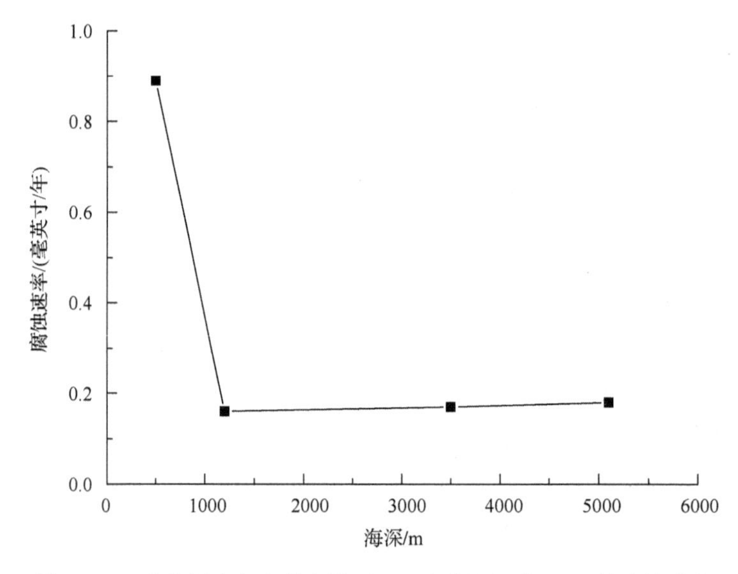

图 4-7　工业纯铝在印度洋海域不同深度实海浸泡 95 天的腐蚀速率

4.3.2　铝合金在深海中的应用

对于 6061 铝合金在印度洋海域不同深度进行实海浸泡后，并没有发生明显的点蚀以及缝隙腐蚀现象，且 6061 铝合金在整个深海环境中的腐蚀速率变化不明显（图 4-8）。对于大多数铝合金经过深海环境后的腐蚀产物往往会存在裂纹，而对于沉淀硬化铝合金，其经过深海腐蚀后的形貌为晶体形状，如图 4-9 所示。

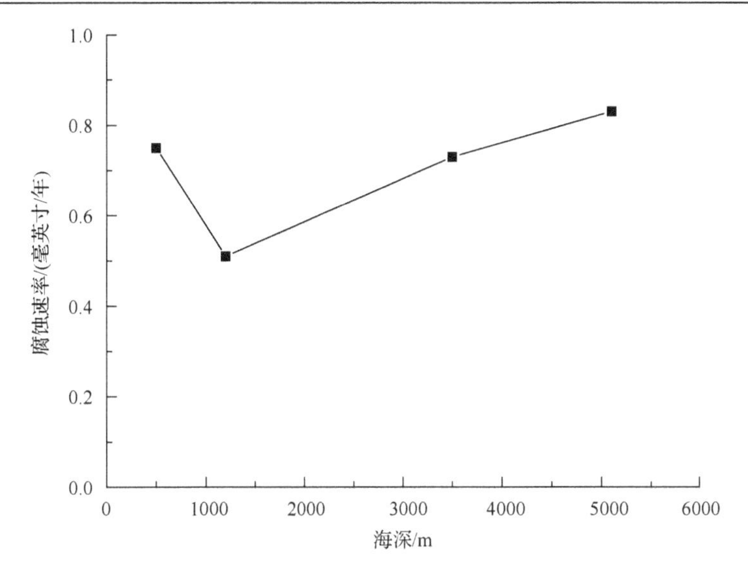

图 4-8　6061 铝合金在印度洋海域不同深度实海浸泡 95 天的腐蚀速率

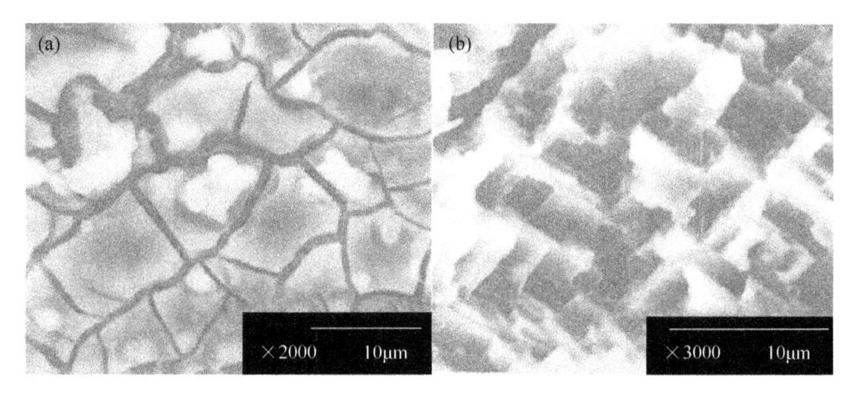

图 4-9　铝合金在印度洋海域 5100m 实海浸泡 95 天的腐蚀形貌

(a)大多数铝合金；(b)沉淀硬化铝合金

4.3.3　低碳钢在深海中的应用

低碳钢在印度洋海域不同深度实海浸泡 95 天的腐蚀速率结果如图 4-10 所示，由图 4-10 可以看出，随着海水深度的增加，低碳钢的腐蚀速率先下降，并在 1200m 及更深至 3500m 的深海环境中的腐蚀速率趋于稳定值，在 5100m 处的深海环境中的腐蚀速率又有微弱地增加。低碳钢这一腐蚀速率规律与深海环境中的氧含量关系是一致的。

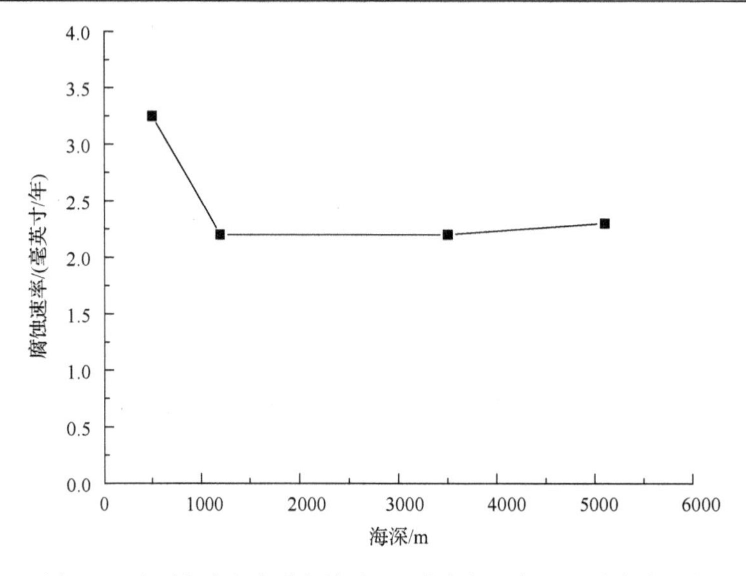

图 4-10　低碳钢在印度洋海域不同深度实海浸泡 95 天的腐蚀速率

4.3.4　等温淬火球墨铸铁在深海中的应用

图 4-11 为等温淬火球墨铸铁在不同深度印度洋海域实海浸泡 95 天的腐蚀速率，由图 4-11 可知，等温淬火球墨铸铁在整个海水环境中的腐蚀速率均比较严重，且随着海水深度的增加，等温淬火球墨铸铁的腐蚀速率随之降低。等温淬火球墨铸铁在深海环境中的腐蚀过程也是受阴极氧扩散过程控制的。经过 95 天的深海腐蚀，等温淬火球墨铸铁表面上均匀地覆盖着一层腐蚀产物膜，如图 4-12 所示。由

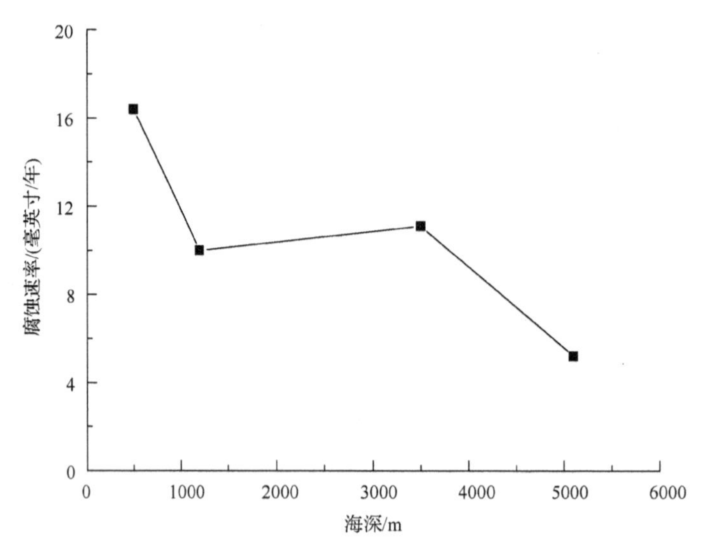

图 4-11　等温淬火球铁在印度洋海域不同深度实海浸泡 95 天的腐蚀速率

图 4-12　等温淬火球铁在印度洋海域 5100m 实海浸泡 95 天的腐蚀形貌

于等温淬火球墨铸铁在深海环境中的腐蚀速率过大，因此可以推断其并不适用于深海环境中的应用。

4.3.5　铜镍合金在深海中的应用

Cu90Ni10、Cu70Ni30 两种铜镍合金在印度洋海域不同深度实海浸泡 95 天的腐蚀速率如图 4-13 所示，在 1200m 处铜镍合金的腐蚀速率最小，这也与深海环境中的氧含量关系是一致的。由图 4-13 可以知道，在相同条件下 Cu90Ni10 的腐蚀速率比 Cu70Ni30 的腐蚀速率略微有增加，即 Ni 元素的存在降低了铜镍合金的腐蚀速率，这是由于 Cu70Ni30 在深海环境中生成的腐蚀产物膜的保护性比 Cu90Ni10 在深海环境中生成的腐蚀产物膜的保护性更强。铜镍合金在深海浸泡后的腐蚀形貌为均匀腐蚀类型，表面没有点蚀及缝隙腐蚀现象。

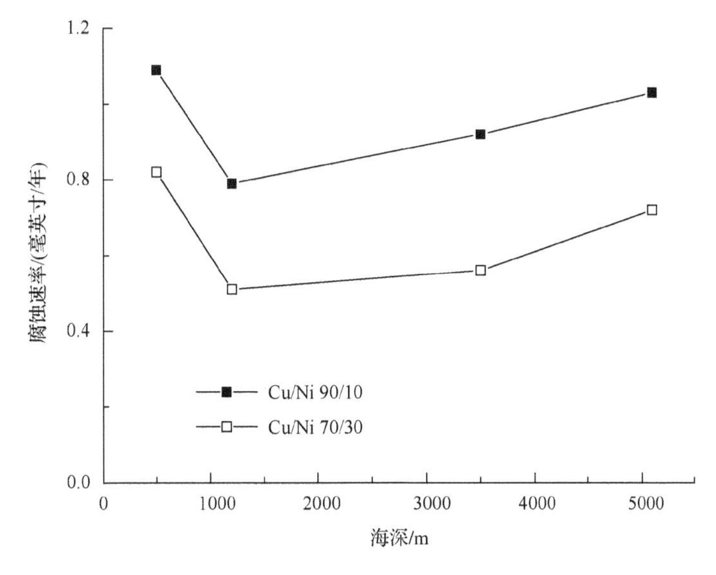

图 4-13　铜镍合金在印度洋海域 5100m 实海浸泡 95 天的腐蚀形貌

4.3.6 钛合金在深海中的应用

钛合金在整个深海环境中的腐蚀速率小于 0.001mil/a（$1mil=2.54\times10^{-5}m$），可以忽略不计。钛合金之所以拥有如此卓越的耐腐蚀性能，是因为其表面生成了一层极其致密且具有保护性的 TiO_2 层，因此，钛合金是十分适用于深海环境中的金属材料之一，然而由于其制造成本较高，因此极大地限制了其在深海环境领域中的应用推广。关于钛合金在深海中的应用，前文已经有较多叙述，本节不再赘述。

4.3.7 管线钢在深海中的应用

深海油气管道是海洋装备的重要组成部分，深海环境复杂多变，这使得海底管道对原材料、管道焊接、敷设施工、维护等提出了更高的要求：深海高压要求钢管具有良好的抗压溃性能，对钢管的几何精度、表面质量、D/t 提出了更严格的要求；深海温度低、压力大，对钢管的断裂韧性指标要求更高；深海溶氧量增加，海水、海泥和海底微生物等对钢管的腐蚀行为复杂，对钢管的耐腐蚀性能提出更高的要求；对 H_2S 和 CO_2 含量的油气介质来说，在深海管道高压输送条件下，腐蚀将加剧；因受深海浪涌、洋流的影响，钢管应具有良好的纵向强韧性、塑性，以及抗疲劳能力[23-25]。全世界现有的 3×10^6km 油气管线中，40%已经达到或接近名义设计使用年限，腐蚀是管线持续运行的一个主要限制因素。目前，20%～40%有记录的管线事故和失效是由腐蚀造成的。

自 1954 年 Brown&Root 公司在美国墨西哥湾铺设世界上第一条海底管道以来，为了实现大输量，国外深水海底管道已经采用 X70 钢级（例如 2005 年建设完工的 Langeled 北海海底管线）大口径、大壁厚钢管，最大管径达到 1422mm（Nord Stream Project），最大壁厚已达到 41.0mm，并提出了 44.0mm 的要求（从阿曼到印度的水深达 3500m、总长 1200km 海底管线），要求−10℃母材的冲击功大于 200J，焊缝冲击功大于 100J 的性能指标要求。

我国海洋石油经过多年的开发，已经具备了自主开发 300m 以内水深海上油气田的技术能力，建成的海底管道超过 2000km，通过南海荔湾 LW3-1 气田海底管道建设，已初步具备小于 1500m 海底管道的设计、钢管制造、管道建设能力，国内首次在南海荔湾 LW3-1 项目中应用国产 X70 钢管，管径最大 765.2mm，壁厚最大 31.8mm，但无法满足深水钢管在塑性、强韧性、耐腐蚀、抗疲劳和尺寸精度等方面的苛刻要求，特别针对南海 70%的资源蕴藏于深水水域，亟须研究大于 1500m 水深环境下输送钢管的力学、腐蚀和疲劳等行为，开发满足大于 1500m 水深，具有更优异的断裂韧性、抗变形能力、抗腐蚀、抗压溃、高尺寸精度的深海用油气输送钢管。

深海油气管道一般是通过深海铺管船来进行铺设的，生产出的管线钢在深海铺管船上进行焊接并完成铺设工作。对于深海管线钢的焊接，可能会使一些氢气渗透到奥氏体中，当钢材转化为铁素体时，这些氢气就会试图逸出，造成深海管线钢的开裂。氢在一些材料中的扩散系数如表 4-4 所示。

表 4-4　氢在铁、钢和不锈钢中的扩散系数

合金	晶格	25℃时的扩散系数/(cm^2/s)
纯铁	BCC	1.6×10^{-5}
纯铁	FCC	5.4×10^{-10}
钢	BCC+渗碳体	3×10^{-7}
含 27%铬的铁素体钢	BCC	6.7×10^{-8}
18Cr-9Ni 奥氏体钢	FCC	3.5×10^{-12}

因此，深海管线钢为了保证服役安全性，应该具有优异的可焊性。金属材料的碳当量对其可焊接性有重要影响，且可以通过金属材料中的元素含量预估其在焊接过程中产生冷裂纹的敏感程度。关于管线钢可焊性的评价，可用经验公式(4-5)、公式(4-6)进行计算并评估：

碳当量经验公式：

$$C_e = C + Mn/6 + (Cr + Mo + V)/5 + (Cu + Ni)/15 \tag{4-5}$$

冷裂纹敏感指数经验公式：

$$PCM = C + Si/30 + (Mn + Cu + Cr)/20 + Ni/60 + Mo/15 + V/10 + 5B \tag{4-6}$$

对于深海管线钢的碳当量一般限制在 0.43 以下，有时甚至限制在 0.32 以下；对于其冷裂敏感指数一般规定在 0.18~0.22 之间。由于深海管线钢可焊性的这些指标与钢管材料的化学成分相关，因此美国石油协会给出了管线钢材料的建议化学成分，如表 4-5 所示。

表 4-5　钢管材料的典型成分组成

钢管	最大质量分数/%													
	C	Mn	Si	Al ($\times10^2$)	Ca ($\times10^3$)	Ni	N ($\times10^2$)	Cu	V ($\times10^2$)	Nb ($\times10^2$)	Ti ($\times10^2$)	B ($\times10^3$)	P ($\times10^2$)	S ($\times10^3$)
API5L	0.16	1.56	0.35	4			12		7	5		1	3	15
甜性、陆上	0.11	1.56	0.35	4		0.2	1	0.25	8	5			2.5	10
甜性、海上	0.08	1.56	0.30	4	3	0.2	0.8	0.25	8	4			1.5	5
酸性、海上	0.05	1.00	0.30	4	5	0.2	0.7	0.25	6	5		4	1.5	1

经过大量的理论研究及经验积累，目前已基本明确了管线钢中不同元素对其力学性能以及耐腐蚀性能等的影响规律，可归纳如表 4-6 所示。

表 4-6 合金元素对钢性能影响

合金元素	机械及腐蚀性能影响规律
C	增加抗拉强度和硬度，降低韧性及可焊性，增加腐蚀
Mn	增加抗拉强度、硬度和磨蚀能力，减少开裂，形成可能导致氢致开裂的硫化物
P	增加脆性和开裂。甜性介质用量小于 0.025%，对酸性介质小于 0.015%
S	增加孔隙度、脆性、开裂。形成硫化锰俘获氢，导致内部开裂。表面出现硫化物致点蚀。甜性介质小于 0.01%，酸性介质小于 0.005%
Si	增加抗拉强度但显著降低韧性。可作为还原剂用于钢的镇静(脱气)。限量为 0.35%～0.4%
Al	用于细晶强化，可增加硬度。作为脱氧剂添加来镇静钢。含量在 0.02%～0.05%时有助于增加焊接韧性
Cu	提高对 pH>4.5 环境中酸性开裂的抵抗力。影响焊接热影响区的腐蚀性。与 Ni 一起能稳定腐蚀产物膜，减少腐蚀。
Cr	增加抗拉强度和硬度，降低可焊性。是耐腐蚀性的主要影响因素。Cr>12%时称为不锈钢
Ca	脱氧剂、脱硫剂，用于酸性服役钢管中夹杂物形态控制的二级添加物
Mo	增加抗拉强度和耐腐蚀性能，减少点腐蚀
Ti	微合金元素，增加抗拉强度、硬化性能、耐磨性能。与 C 组合形成碳化物会降低韧性
Nb	微合金元素，通过细晶强化、弥散强化提高材料强度、韧性、抗高温氧化性及耐蚀性
V	增加抗拉强度、硬化性、耐磨性能
N	增加强度但降低低温韧性。限量在 0.01%
Ni	增加抗拉强度和低温韧性，提高耐腐蚀性。降低焊接腐蚀敏感性，提高焊接强度，Ni＞1%的管材不允许用于酸性环境

管线钢对于 S 元素的要求较高，因为管材自身的 S 含量过高时，容易形成 FeS 夹杂并使材料容易发生热开裂现象。另外，深海管线钢服役在深海海底，在油气运输过程中，其油气中含有的 H_2S 气体或其海底环境中的硫化物均会对管线钢的腐蚀造成严重的影响。若在管线钢表面生成 FeS 的腐蚀产物后，产物会进一步与基体材料之间形成电偶腐蚀，此时管线钢处于电偶阳极，因此会进一步加速管线钢的腐蚀，严重地危害材料的服役安全以及服役寿命[25]。

随着石油、天然气需求量的不断增加，管道的输送压力和管径也不断地增大，以增加其输送效率。考虑到管道的结构稳定性和安全性，要求增加管壁厚度及管材的强度，因此用作这类输送管的管线钢都向着厚规格和高强度方向发展。由于天然气的可压缩性，因而输气管的输送压力要较输油管更高。近年来国外多数输气管道的压力已从早期的 4.5～6.4MPa 提高到 8～12MPa，有的管道则达到了 14～15.7MPa，从而使输气管的钢级也相应地增加。国外的大口径输气管已普遍采用 X70 钢级，X80 钢级开始进入小规模的使用阶段，X100 钢级也研制成功，并正在着手研制 X120 钢级；输送酸性天然气的管道用钢已能生产到 X65 钢级。目前关于管线钢力学性能的提升主要有两种手段：通过改变材料的热处理工艺来改变材料的显微组织结构或调节管材的化学组分。TMCP 技术是目前普遍采用的一种调控管材显微组织结构的方法，通过显微组织的细化以及加工硬化的共同作用，来提高材料的强度级别；通过改变材料中元素的含量也是一种有效改变材料强度的手段，这些元素含量的改变，是通过固溶强化、微合金化强化、析出强化等机理来改善材料的强度级别的。通过调控元素含量来改善管材强度级别时，除考虑生产成本等问题，还应该注意管材元素含量改变后，不能超过管材的焊接性对其化学成分的控制要求。值得注意的是，不同元素的添加对材料强度提升的效果是不同的，表 4-7 给出了一些常见元素对材料强度强化效果的数据。

表 4-7　不同元素对钢的固溶强化效果

元素	强化量（MPa/元素质量分数）	元素	强化量（MPa/元素质量分数）
C	5500	Cu	40
N	5500	Mn	30
V	1500	Mo	11
P	700	Ni	0
Si	80	Cr	–31

4.3.8　深海用金属材料的研发难点

金属材料在深海环境中的应用主要是作为结构材料，目前主要是研发高强度金属材料，以提高材料的承载能力、耐压能力等[26]。然而，金属材料强度的增加往往会伴随着塑性的降低，另外，随着深度的增加，海水温度的降低，金属材料的塑性，尤其是体心立方金属材料的塑性会进一步降低。金属材料塑性的降低会导致其在塑性加工时比较困难，且在深海环境中抗冲击性能降低，严重危害材料的服役安全性。

海水是一种含高浓度氯离子的强电解质溶液，金属材料在海水环境中服役时，必须要考虑其在海水中的腐蚀性能。由于深海环境与浅海环境存在较大的区别，这使得在浅海服役性能较优的金属材料并不能保证其在深海环境中依旧能保持较优的服役性能；开展深海实投试验的高风险、高成本、较差的重复性均会限制深海用金属材料的研发；科研工作者在实验室条件下，模拟深海环境对金属材料在深海服役的影响规律虽得到了一部分结果，但对于复杂实海环境中耦合环境下金属材料的腐蚀规律仍然很难揭示，不能直接地用于指导实际深海环境下的金属材料选材。

高强钢在高浓度氯离子环境下，往往会有比较明显的应力腐蚀开裂现象。加上深海静水压会提高氯离子的活性，因此，在深海环境中应用的高强钢，其应力腐蚀开裂现象可能会更加明显，如何在保证金属材料高强度条件下，降低其应力腐蚀开裂的敏感性也是研发深海用金属材料的难点之一。

金属材料在深海环境中服役时，深海环境是一个复杂交互的变量，材料自身由于作为结构材料往往也会承受不同载荷的作用，因此研究力学与复杂海洋化学、海洋生物学与金属材料共同耦合下材料的服役行为才能比较准确的评估出其在深海环境中的服役行为。然而，这样复杂的体系统一研究起来非常困难，只能通过先研究单一因素对其服役行为的影响规律，再通过综合对比试验等方法，逐步耦合这些因素，从而达到最终复杂环境下金属服役行为的研究。

金属材料在深海环境中可能发生摩擦等行为，因此，在研究深海用金属材料服役行为时，应该全面分析金属材料所处的工况，从而有针对性地研究金属材料在此工况下的服役机理。深海用金属材料运用的工况会因深海装备功能性的不同而不同，这就使得对于不同用途的深海金属材料需要有不同的研究侧重点[27-29]。

4.4　实验室研究进展

沉淀硬化不锈钢因其高强度、优良的断裂韧性、较好的焊接性能及在盐雾环境中较好的耐腐蚀性能，被认为是适用于深海环境的一种结构材料。沉淀硬化不锈钢是通过沉淀硬化过程中析出不同类型和数量的碳化物、氮化物、碳氮化物和金属间化合物来提高材料的强度，且经过不同热处理工艺处理的沉淀硬化不锈钢的组织会存在明显差异，这会直接影响沉淀硬化不锈钢的力学性能。深海用沉淀硬化不锈钢作为结构材料，在服役过程中不仅要考虑其力学性能是否满足工程需求，还应考虑其在深海环境中的腐蚀行为，这对保证实际海洋工程中的安全性至关重要。

4.4.1　材料电化学性能

为了研究不同热处理后 PH13-8Mo 沉淀硬化不锈钢在模拟深海环境中的电化学腐蚀性能，利用深海模拟器模拟了深海环境，腐蚀介质为 3.5% NaCl 溶液，腐蚀介质温度为 4℃，利用高纯氮气使得深海模拟器中的压力保持在 30MPa，用于模拟海深 3000m 的环境。测试试样为不同热处理后的 PH13-8Mo 沉淀硬化不锈钢，测试试样尺寸为 10mm×10mm×5mm，测试前利用砂纸对试样各个面进行逐级打磨，各个表面打磨至 800#，磨好的试样依次用丙酮、酒精、去离子水清洗，腐蚀周期为 30 天。在腐蚀过程中测试样品只留一个 10mm×10mm 的表面暴露于溶液中进行腐蚀，其余表面利用 704 硅胶进行密封。测试结束后，取出腐蚀试样并用去离子水轻轻清洗表面。对腐蚀后的不同热处理 PH13-8Mo 沉淀硬化不锈钢利用电化学工作站进行交流阻抗测试，测试采用三电极体系，其中工作电极为浸泡腐蚀后的不同热处理 PH13-8Mo 沉淀硬化不锈钢，辅助电极为铂片，参比电极为饱和甘汞电极。测试电位为各试样在 3.5% NaCl 溶液中的稳定开路电位，交流电压幅值为 10mV，测试频率范围为 10^4～10^{-2}Hz。

浸泡腐蚀后的不同热处理 PH13-8Mo 沉淀硬化不锈钢在模拟深海环境中的电化学交流阻抗测试结果如图 4-14 所示。由图 4-14(a)可以看出，随着回火温度的

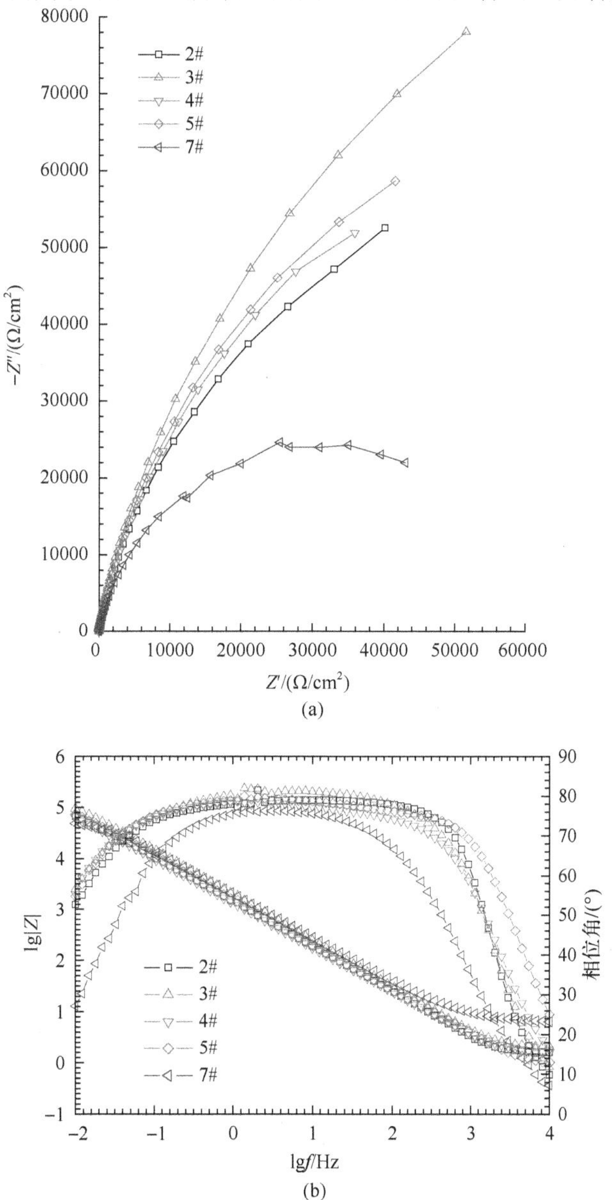

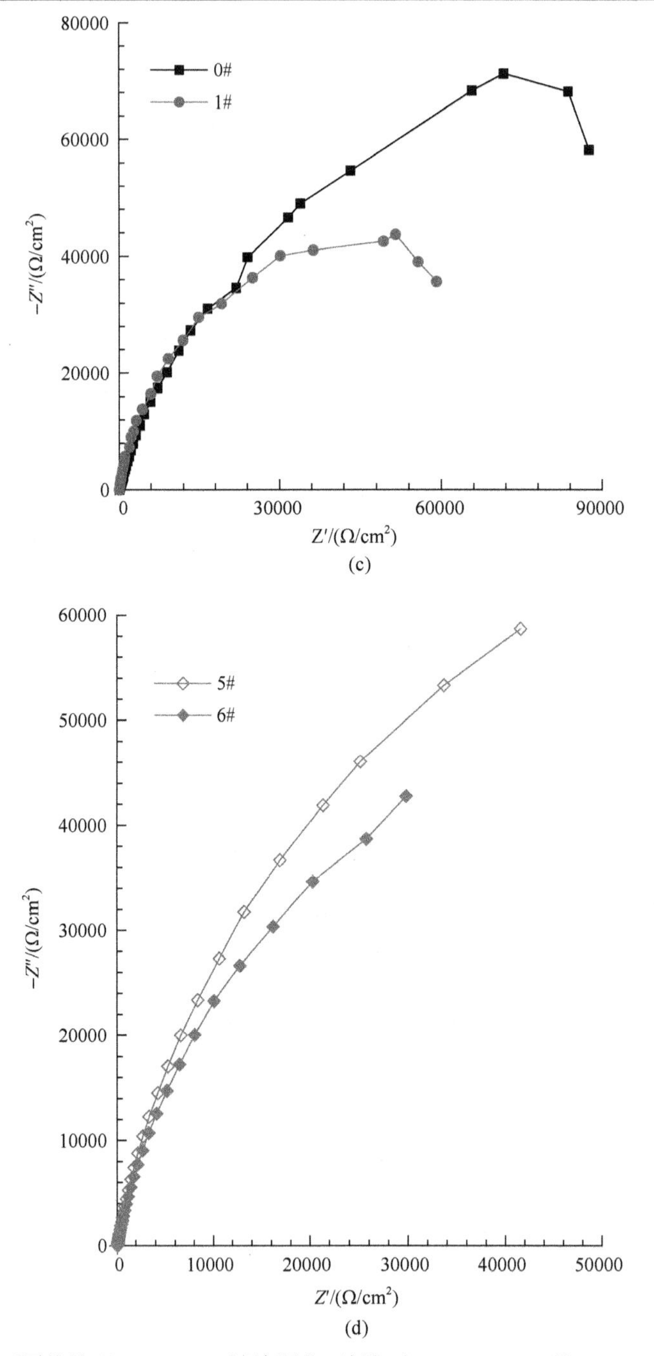

图 4-14　不同热处理 PH13-8Mo 沉淀硬化不锈钢在 30MPa，4℃的 3.5% NaCl 溶液中浸泡 30 天后的交流阻抗测试结果

(a)不同回火温度的 Nyquist 图；(b)不同回火温度的 Bode 图

(c)深冷处理前后的 Nyquist 图；(d)不同回火时间的 Nyquist 图

升高，PH13-8Mo 沉淀硬化不锈钢的电化学阻抗先增大后减小，且在 510℃×4h（3#）回火后的 PH13-8Mo 沉淀硬化不锈钢有最优的电化学阻抗；由图 4-14（b）可以看出，不同热处理工艺后的 PH13-8Mo 沉淀硬化不锈钢的相位角均有明显的宽化，随着回火温度的增大，宽化程度有减弱的趋势。由相位角的形状可以推测出在试样的表面会有局部腐蚀（点蚀）的发生，且随回火温度的升高，局部腐蚀的面积比例应该有所减小。综合考虑图 4-14（a）和图 4-14（b）可知，经过 595℃×4h（7#）的回火处理后，试样表面的点蚀应该具有越小越深的特点，这对 PH13-8Mo 沉淀硬化不锈钢的服役安全的危害是非常大的；而当 PH13-8Mo 沉淀硬化不锈钢经过 510℃×4h（3#）的回火处理后，应该具有最优的耐腐蚀性能。

由图 4-14（c）可以看出，深冷处理会降低 PH13-8Mo 沉淀硬化不锈钢的电化学阻抗值，降低其耐腐蚀性能。深冷处理可使得 PH13-8Mo 沉淀硬化不锈钢经过油浴淬火后显微组织中的残余奥氏体进一步向马氏体转变并在显微组织中析出大量超细微碳化物，由此可知，深冷处理虽在一定程度上增加了材料的本征屈服强度，但由于其显微组织中残余奥氏体的马氏体转变以及析出物的增加使其损失了部分耐腐蚀性能。由图 4-14（d）可以看出，随着回火时间的增加，PH13-8Mo 沉淀硬化不锈钢的电化学阻抗会随之减小，从而降低其耐腐蚀性能。由此，我们可以推断出对于 PH13-8Mo 沉淀硬化不锈钢，在一定程度上其显微组织中马氏体和析出物的增加会降低其电化学阻抗及耐腐蚀性能。

4.4.2　显微结构分析

利用透射扫描电子显微镜进一步对不同热处理的 PH13-8Mo 沉淀硬化不锈钢的析出相进行分析。测试结果如图 4-15 所示。

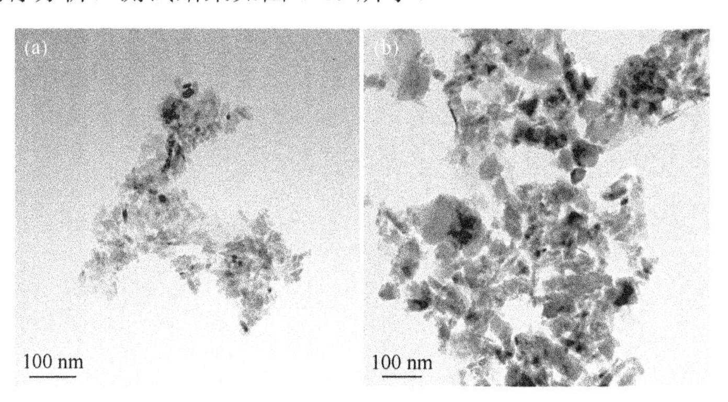

图 4-15　透射扫描电子显微镜对不同热处理的 PH13-8Mo 的分析结果

（a）3#钢中 M_2C 析出；（b）7#钢中 $M_{23}C_6$ 析出

由图 4-15 可以看出，随着回火温度的不同，PH13-8Mo 沉淀硬化不锈钢中的析出相也随之发生变化。当回火温度为 510℃（3#）时，PH13-8Mo 沉淀硬化不锈钢

中析出相主要为 M_2C 型析出，此类析出相进一步通过衍射斑点可以确定其晶体的结构类型为六方晶系，晶格参数 $a=b=0.2870nm$，$c=0.4510nm$；当回火温度升至595℃(7#)时，PH13-8Mo 沉淀硬化不锈钢中析出相除了 NiAl 外，主要为 $M_{23}C_6$ 的面心立方结构，此类析出相的晶格参数 $a=b=c=1.0680nm$。因此，从图 4-15 可以知道，PH13-8Mo 沉淀硬化不锈钢中析出相与热处理的温度有直接的关联。

结合图 4-15 与图 4-14 的结果可知，M_2C 型析出对于沉淀硬化不锈钢的强化有重要的作用，随着 M_2C 型析出的增多，材料的强度会随之增强；M_2C 型析出比 $M_{23}C_6$ 型析出对材料的强化效果更加敏感。为达到设定的力学性能，人们可以设定不同的热处理工艺来控制 PH13-8Mo 沉淀硬化不锈钢中析出相的类型及其宏观组织。进一步地，随着深冷处理、回火处理的作用，PH13-8Mo 沉淀硬化不锈钢中残余奥氏体含量随之变化，其显微组织中的析出相也发生了变化。可以证明，PH13-8Mo 沉淀硬化不锈钢在深海环境中，随着回火温度的增加，其耐腐蚀性能先增加后减小，这除了与其显微组织中残余奥氏体含量有关外，还与其析出相的种类、数量等有关，也就是说，在深海环境中，PH13-8Mo 沉淀硬化不锈钢中析出相会对其耐腐蚀性能起到重要的作用，$M_{23}C_6$ 型析出的存在会减弱其在深海环境中的耐腐蚀性能。

4.7 小　　结

在深海环境下，研发高强金属材料依旧是研究深海用金属材料的一个重要方向。同时，需要考虑到金属材料耐腐蚀性能排序可能会在深海环境中发生改变：有些材料的深海腐蚀速率小于浅海腐蚀速率，而有些材料的深海腐蚀速率要大于浅海腐蚀速率。深海较高静水压条件作用下，能够提高氯离子的渗透能力，所以材料在浅海若发生均匀腐蚀，其在深海也有可能会变为局部点腐蚀，导致材料很快失效。因此，在研发高强金属材料的同时，应该进一步深入揭示深海用金属材料的腐蚀机理，综合提升材料的力学性能及耐腐蚀性能。

我国深海极端环境下腐蚀防护技术的研究还处于空白是制约我国深海装备发展的瓶颈之一。这里的防护既包含金属材料的防腐蚀技术，又包括金属材料的防污技术。以南海为例，各类装备在南海深海环境下腐蚀失效的研究基本属于空白，尚未建立南海深海腐蚀环境测试研究体系，深海挂片投样最深深度只有 1200m，长期实海试验站尚未建立，对深海装备技术及材料研发更是凤毛麟角。

深海能源钻采是深海科技发展的主要方面，钻采装备是获取深海能源的关键，而我国用于深海钻采的关键装备主要来源于国外进口，国产钻采装备的制造状况与国外差距明显。目前深海钻采装备国产材料热处理后机械性能达不到 API Spec7 的规定，不能应用于长时间暴露在 H_2S 和 CO_2 含量较高的海泥环境中的构件，如震击器、减震器、钻具等。以深海油气钻采为例，螺杆钻具寿命仅为 80h，钻铤寿命仅为 200～500h，震击器震击次数仅为 100 次，随钻震击器的工作时间仅 15～30 天左右，所用材料在强度、耐蚀性等方面暴露的问题严重影响了深海油气钻采工作的开展，钻柱(井下马达)钻头、钻杆轴承、传动系统部件均有材料问题。深海立管与采油树部位等特殊部位管接头、脐带缆、系泊链、锚链、万向轴等轴类耐蚀承力结构部件、各类深海泵体、阀门、固定销、各类紧固件等存在强度、耐蚀性等问题。深海探测装备深潜器机械手、采样机械装置、潜标用高强度不锈钢材料，深海矿产勘探、钻采用震击破碎设备、矿石采运装置、运输设备均存在材料问题。如磨铣类打捞工具，其使用寿命仅为 6h。

深海装备用超级不锈钢的系统研发也是未来深海用金属材料的重点研发方向之一，研究多种因素对材料腐蚀、强韧化及使用性能的影响，开发出具备高强、高耐磨及良好的耐点蚀、应力腐蚀、缝隙腐蚀等特性的特种不锈钢技术，研制出海洋工程特别是深海工程及装备用新型特种不锈钢并应用于海洋工程，解决深海油气钻采设备、深海矿产勘探、深海矿石采运装置、深海油气采、集、输装备等的用材强度和耐蚀性等问题，对解决我国深海装备用材及国产化具有深远意义。

开发一些高性能的涂层材料或表面处理技术，使基体金属材料在深海环境中服役过程中能够被保护起来，也是深海用金属材料的一个研究方向。金属材料作为结构材料在满足深海服役所需的力学性能的前提后，影响其服役性能的主要原因就是其表面/界面的科学问题，只要金属材料表面有高性能涂层的包覆，就能阻止基体材料在深海环境中与海水环境进行接触，其防腐、防污的性能就会与其涂层材料关联起来，只要涂层的性能足够好，那么基体金属材料就能在复杂的深海环境中得到应用。

参 考 文 献

[1] 尹衍升, 黄翔, 董丽华. 海洋工程材料学. 北京: 科学出版社, 2008

[2] 屈少鹏, 范春华, 李雪莹, 等. 上海海事大学关于深海材料腐蚀与防护研究平台与装备的进展. 北京: 第二届海洋材料腐蚀与防护大会, 2015

[3] 周建龙, 李晓刚, 程学群, 等. 深海环境下金属及合金材料腐蚀研究进展. 腐蚀科学与防护技术, 2010, 22(1): 47-51

[4] Venkatesan R, Dwarkadasa E S, Raghuram A C. Effect of deep sea environment on the corrosion behaviour of metals and alloys. Transactions of the Metal Finisher's Association of India, 1998, 7(1): 63-71

[5] 刘斌. 深海环境下防腐蚀涂料性能评价技术研究. 上海涂料, 2011,49(5): 34-36

[6] 尹衍升, 董丽华, 刘涛, 等. 海洋材料的微生物附着腐蚀. 北京: 科学出版社, 2012

[7] 中国腐蚀与防护学会. 金属腐蚀手册. 上海: 上海科学技术出版社, 1984

[8] 王元, 王妮. 深海装备材料防护技术最新研究进展. 腐蚀防护之友, 2016, 11(11): 34-41

[9] 郭为民, 李文军, 陈光章. 材料深海环境腐蚀试验. 装备环境工程, 2006, 3(1): 10-15

[10] 郭为民, 李文军. 深海环境腐蚀试验装置研制取得重大进展. 装备环境工程, 2006, 3(6): 60

[11] Venkatesan R. Studies on corrosion of some structural materials in deep sea environment. Bangalore: Indian Institute of Science, 2000

[12] Venkatesan R, Venkateswamy M A, Bhaskaran T A, et al. Corrosion of ferrous alloys in deep sea environment. British Corrosion Journal, 2002, 37(4): 257-266

[13] Venkatesan R, Dwarakadasa E S, Ravidran M A. A deep sea corrosion study of titanium and Ti6Al4V alloy. Corrosion Prevention and Control, 2004, 51(3): 98-103

[14] Beccaria A M, Poggi G. Influence of hydrostatic pressure on pitting of aluminum in sea water. British Corrosion Journal, 1985, 20(4): 183-186

[15] Beccaria A M, Poggi G, Castello G. Influence of passive film composition and sea water pressure on resistance to localized corrosion of some stainless steels in sea water. British Corrosion Journal, 1995, 30(4): 283-287

[16] 王佳, 孟洁, 唐晓, 等. 深海环境钢材腐蚀行为评价技术. 中国腐蚀与防护学报, 2007, 7(1): 1-7

[17] Sawant S S, Venkat K, Wagh A B. Corrosion of metals and alloys in the coastal and deep waters of the Arabian sea and the bay of Bengal. Indian Journal of Technology, 1993, 31(12): 862-866

[18] Fink F W, Boyd W K. The corrosion of metals in marine environments. Ohio: Bayer and Co. , Inc. 1970: 57

[19] Reinhart F M. Corrosion of materials in surface seawater after 6 months of exposure. California: Port Hueneme, Naval Civil Engineering Laboratory, 1969, Technical Note N-1008

[20] Traverso P, Canepa E. A review of studies on corrosion of metals and alloys in deep-sea environment. Ocean Engineering, 2014 (87): 10-15

[21] Dexter S C. Effects of variations in sea water upon the corrosion of aluminum. Corrosion, 1980, 36(8): 423-432

[22] Wang J Z, Chen J, Chen B B, et al. Wear behaviors and wear mechanisms of several alloys under simulated deep-sea environment covering seawater hydrostatic pressure. Tribology International, 2012(56): 38-46

[23] Palmer A C, King R A. Subsea pipeline engineering, 2nd edition, Tulsa: PennWell Corporation, 2008

[24] Schumacher M. Seawater Corrosion Handbook. New Jersey: Park Ridge, 1979

[25] Gentile M, Fehervari M, Drago M, et al. Sulphide stress cracking risk for offshore pipelines coming from external environment: A quantitative assessment methodology. Metallurgia Italiana, 2010 (3): 13-21

[26] 江洪, 王微. 全球深海材料研究概况. 新材料产业, 2013(11): 7-10

[27] Sen P K. Metals and materials from deep sea nodules: An outlook for the future. International Materials Reviews, 2010, 55(6): 364-391

[28] Glasby G P. Deep seabed mining: Past failures and future prospects. Marine Georesources and Geotechnology, 2002, 20(2): 161-176

[29] Wu S J, Yang C J, Pester N J, et al. A new hydraulically actuated titanium sampling valve for deep-sea hydrothermal fluid samplers. IEEE Journal of Oceanic Engineering, 2011, 36(3): 462-469

第5章 深海极端环境下材料应用及其性能分析

引 言

随着各国经济的飞速发展和世界人口的不断增加，人类消耗的自然资源越来越多，陆地及近海资源正日益减少，而深海以其广阔的空间蕴含着丰富资源。

统计表明，在世界各个大洋4000～6000m深的海底，广泛分布着含有锰、铜、钴、镍、铁等70多种元素的大洋多金属结核、富钴结壳、热液硫化物和深海生物基因等丰富的资源，深海石油和天然气储量更是占世界总量的45%，是人类社会可持续发展的宝贵财富[1]。因此，从20世纪90年代开始，美国、法国、英国、日本、俄罗斯等科技强国，纷纷建立了海洋综合管理机构，制定了海洋发展规划，把发展海洋高科技摆在向海洋进军的首要位置，目前在深海探测、圈海和资源开采等方面占据了绝对优势。所以，21世纪不仅是海洋的世纪，更是深海的世纪。

5.1 深海科学探索

5.1.1 热液区的科学探索

在人类的深海探索中，海底热液活动的发现是20世纪海洋科学研究中的重大科学成就之一。1978年，美国的“阿尔文”号载人潜艇在东太平洋洋中脊的轴部采得由黄铁矿、闪锌矿和黄铜矿组成的硫化物。1979年又在同一地区的加拉帕哥斯断裂带约2600m的海底熔岩上，发现了数十个冒着黑色烟雾的烟囱，约350℃的含矿热液从直径约15cm的烟囱中喷出，与周围海水混合后，很快产生沉淀变为“黑烟”，沉淀物主要由磁铁矿、黄铁矿、闪锌矿和铜铁硫化物组成。这些海底硫化物堆积形成直立的柱状圆丘，称为“黑烟囱”，也可视为海底活火山[2]，这些区域即为深海热液区。

研究表明，热液区主要分布在世界各大洋洋中脊和弧后盆地，深度为2000～3000m。这些地区的洋壳在冷却过程中形成各种断裂和裂隙，海水沿着这些断裂、裂隙向地壳下渗透，深度可达2～3km。在下渗过程中与热的岩石甚至岩浆接触，海水可以被加热到600℃，具有超临界状态，增强了对金属的溶解能力。经过复杂的水岩交互作用，淋滤出岩石中的多种金属元素(Fe、Zn、Cu、Pb、Ba、Au、

Ag、Ca、Mn、K 等)和硫化物，形成低密度、低黏度的高温流体，随后沿着裂隙高速喷出海底。它们与海水接触时温度高达 300～400℃，由于处于深海，压力非常大，流体与低温海水混合而达不到超临界状态(29.8MPa，407℃)，没有形成超临界流体。而且，周围海水温度低，喷出的热液与周围低温海水混合后形成一个 350～2℃陡变温度梯度带；酸性、还原性的热液中含有大量的 H_2S、H_2、CH_4、NH_3、CO_2、HCN 和 Fe、Cu、Zn、Pb、Au、Ag、Ca 等金属元素和离子，与低温海水混合形成急剧变化的化学梯度带。但随着研究的进行，2010 年科学家发现了具有超临界状态的深海热液区，最高温度可达 464℃。因此，深海热液区的环境非常苛刻，这是深海环境最为苛刻的区域之一。

深海一般被认为没有阳光、水温低、无氧、微生物少。但深海热液喷口处却具有动物种群的高密度性(生物量是附近深海环境中生物量的 10^3～10^4 倍，密度可达 50 kg/m^2)和物种的特殊性两个特点，它们对热液的极端环境和毒性表现了异乎寻常的适应性。喷口区域周围完全黑暗的环境里生活着密集的生物群落，包括古细菌、嗜热细菌、管状蠕虫、双壳类的蛤和贻贝、腹足纲的软体动物、甲壳类、节肢动物、须腕动物、棘皮动物、环节动物、脊索动物、脊椎动物等在内的丰富多样的生物群落[3]。新发现的生物种类已达 10 个门、500 多个种属，其中绝大部分物种是热液环境中所独有的。因此，目前大部分科学家也开始认为地球生命起源于深海热液区[4]。

综上，深海热液区不仅具有丰富的矿物资源，而且还具有独特的生物群体。因此，现代海底热液活动以及生命活动的调查研究已成为当代海洋科学、地质学、地球化学、矿床学及海洋生物学等多学科的重大前沿热点研究领域，同时也是新世纪国际海洋竞争的一部分。但深海热液区是海洋中最苛刻的环境，具有高温、高压、高腐蚀性的特点，对深海探测装备提出了更高要求。

5.1.2 深海探测装备的发展

载人潜水器是海洋勘探及开发不可缺少的技术装备，它由一个耐压壳体构成，壳体内科研人员可以直接进入数百米到数千米的海底深处，身临其境，操纵潜水器上的设备，通过观察窗进行现场直接的观察和作业，具有其他潜水器难以比拟的优点。早期研制的潜水器主要向下潜深度挑战，在世界上最深的马里亚纳海沟下潜了 10913m，创造了下潜深度世界纪录。但这段时期的潜水器一般仅限于观察，无运动、作业能力，发展也较为缓慢。

20 世纪 60 年代，以美国“阿尔文”号深潜器为代表的第二代潜水器得到飞速发展。这类潜水器自身带有动力，还配置了水下摄像机、机械手等，不仅可以观察，还可以进行一些简单作业和海洋资源调查等任务。“阿尔文”号 1964 年下水，完成了 3000 次以上的潜水作业。1973 年用内径 2m 的钛合金壳替代钢壳，并将下潜深度增加到 4000m，1991 年创下了下潜深度 4550m 的最好成绩。美国海军的 Seacliff 号外壳为钛合金材料，下潜深度可达 6098m。法国 Nautile 号于 1985 年建造，可以搭载 3 人下潜至 6000m 的海底，其耐压壳体是由两个钛合金半球体通过螺栓连接而成。俄罗斯在发展水下作业、海洋资源考察和开发的载人潜水器方面水平十分先进。20 世纪 80 年代，苏联科学院海洋学研究所和芬兰合作，联合研制 6000m 深海载人潜水器。1987 年 9 月，经过双方努力终于建成深海载人潜水器“和平 1 号”，耐压壳用镍钛材料，内径为 2.1m，舱内可容纳 3 人工作小组，最深下潜 6170m，工作持续 14h。日本海洋科学技术中心研制的载人潜水器主要是“深海 6500”，下潜最大深度为 6500m，驾驶舱耐压球壳内径为 2m，可载 3 人，水下停留时间为 8h，另外，深潜器还装配有 CCD 彩色摄像机、两个七自由度作业手、可伸缩采样篮。它是目前世界上现有的五艘载人深潜器之一，到 2000 年底已下潜过 400 多次，取得了众多科研成果，在国际上有较大影响[5]。

5.1.3　深海探测装备材料的研发

近年来，我国通过实施国家科技攻关项目、国家高技术研究发展计划(“863”计划)、国家重点基础研究发展计划(“973”计划)和国家海洋勘测专项、科技兴海和国际海洋科学合作计划等，大大推进了海洋科学技术的发展。在一些领域取得了具有独创性的成果，海洋科技进入了一个新的发展阶段。2010 年，我国首个自行设计、自主集成研制的“蛟龙号”潜水器可承载 3 人，突破 3000m 下潜深度，最大下潜深度达 3759m，通过机械臂、采样器等在海底作业 9h，在未来合适的季节里，“蛟龙号”也将对 5000m 和 7000m 深度发起冲击[6]。因此我国成为美、法、俄、日之后第五个掌握 3500m 以上大深度载人深潜技术的国家。

海洋科技领域的发展是一项系统的工程，往往是诸多领域科技发展的集成，但就最重要的基础而言，常常依赖于材料科技的发展和突破，尤其将特别依赖于专用海洋材料的研究和进展。与陆地使用材料不同的是，涉海材料用在海洋中，受到海水重压及海洋微生物的侵蚀，这就要求涉海材料必须具有高强度、耐腐蚀、抗附着、密度小、高韧性等特点。国家深海高技术发展专项规划“十二五”已将“深海材料技术”列为发展重点。例如，潜水器耐压壳体材料的选用，不仅要考虑材料的比强度和比刚度，还要在同样结构质量的情况下潜水器能获得更大的潜深，或在要求的深度下有最小的结构质量；同时还必须考虑材料的制造性能、可焊性、开孔性、抗腐蚀性、经济性等等。目前可以选用的材料有高强度船用钢、钛合金、纤维增强复合材料等。大深度潜水器往往首选钛合金，其最大优点是质量小(只有钢的 60%)、强度高(可达 800MPa 以上)、具有较好的机械性能、无磁性以及良好的耐腐蚀性[7]。

人们在深海的活动主要包括深海探索与深海资源的开发，深海探索主要依靠载人深潜器，资源开发主要为深海油气的开采。性能优异的深海装备是对深海进行探索和开发的先决条件，要实现这一目标，装备的结构设计、加工制造、材料的力学性能及防腐性能是关键因素，而首要任务是必须开发满足深海极端环境下高强、耐蚀的工程材料。

深海材料的基本要求为高强、耐蚀及良好的可加工性，目前常用的深海工程材料有高性能钢、合金材料和复合材料。以最具代表性的深海探测设备深潜器为例，其外壳需要承受水压，选用深潜器耐压壳体材料时，要考虑材料的比强度(屈服强度与表观密度之比)、比刚度(弹性模量与密度之比)，同时还要考虑材料的可加工制造性、耐腐蚀性等，可供选用的材料有高强度船用钢、高强度铝合金、钛合金、纤维增强复合材料等，在这些材料中首选的为钛合金。钛合金的最大优点是质量轻，强度高，耐化学腐蚀，表面易产生坚固的钝态氧化膜，无磁性，具有较好的机械性能[8]。表 5-1 为海洋用钛合金的性能[9]。

表 5-1 海洋用钛合金的性能

	Ti-621/0.8	Ti-5111	Ti-6Al-4V	Ti-6Al-4V ELI
密度/(g/cm^3)	4.48	4.43	4.43	4.43
弹性模量/GPa	115	107～114	113.8	113.8
冲击功/J	42	47	17	24
热导率/(W/m · K)	6.4	7.5	6.7	6.7
比热/(J/g · ℃)	0.552	0.533	0.5263	0.5263
热膨胀系数/(10^{-6}/K)	9.2	9.3	9.7	9.7
屈服强度/MPa	710	758	880	790
抗拉强度/MPa	830	862	950	860
疲劳强度/MPa	280	—	510	300
断裂韧性/MPa · m$^{1/2}$	99	—	75	100
剪切模量/GPa	44	—	44	44
剪切强度/MPa	580	—	550	550
延伸率/%	11	15	14	15
洛氏硬度(Rc)	30	34	36	35
耐海水腐蚀	优	优	优	优

表 5-1 中钛合金的最高拉伸强度可达 950MPa，屈服强度达 880MPa，强度高，耐腐蚀，综合性能良好。其缺点为价格高，加工复杂，特别是焊接工艺要求非常高。相比于钛合金，高强马氏体钢具有更好的可加工性、强度可远远超过钛合金的极限强度，如俄罗斯的“和平号”是现役深潜器中唯一使用马氏体高含镍时效高强度钢制作耐压壳体，壳厚仅为 40mm 即可实现 6000m 下潜深度，说明这种钢材在综合力学性能方面优于钛合金。随着人们对深海探索的开展，环境更为苛刻、极端的深海区域是该方面研究的下一个目标，亟须满足相关性能的材料研究和开发。

5.2　深海极端环境实验室模拟研究

5.2.1　深海工程用材料的选择

超强马氏体时效钢具有超高的强度，如经过适当的热处理，AM355 拉伸强度可达 1520MPa，力学性能良好，具有良好的切削和焊接成型性能。但对沉淀硬化不锈钢而言，用于提高强度的强化过程通常伴随碳化物的析出，这将影响到其耐腐蚀性能。因而，研究不同热处理工艺的 AM355 在深海模拟环境下的腐蚀行为对高强不锈钢在深海工程方面的应用具有重要意义。

本章以 AM355 半奥氏体沉淀硬化超强不锈钢为研究对象，根据前述深海腐蚀的影响因素，对其在某些因素影响下的耐腐蚀性能进行试验研究，以期为超强不锈钢在深海工程中的应用提供一定的基础数据及理论，服务于我国的海洋开发战略。基于上述目标，主要研究方法及内容如下。

(1) 通过金相显微镜、扫描电镜、透射电镜及 EDS 能谱分析对不同热处理工艺 AM355 的金相组织及其沉淀析出相的结构及化学成分进行观察与分析。

(2) 低温循环冷却水模拟深海低温环境，通过电化学测试，对不同热处理工艺的 AM355 的腐蚀电化学性能进行对比研究，确定低温海水环境中耐腐蚀性能最优的热处理工艺。

(3) 对深海热液区的 pH 值、Cl^-浓度进行模拟，在模拟介质中对一种热处理工艺的 AM355 进行电化学测试，研究其在该环境中腐蚀的特征及防腐性能，对不同热处理工艺的材料进行浸泡腐蚀实验，对形貌进行观察，对比分析不同热处理工艺对 AM355 在该介质下的耐腐蚀性能影响。

(4) 实验室模拟反应釜对不同海水深度的压力进行模拟，在不同的压力下对 AM355 进行在线电化学测试，分析压力对腐蚀动力学及腐蚀机制的影响，结合不同压力下腐蚀形貌，分析压力对材料腐蚀的影响机理。

5.2.2　电化学测试方法

本实例所用电化学工作站分别为 AutoLab 的 PTN320N 工作站及荷兰 Ivium-n-Stat 电化学工作站。

其中，Ivium-n-Stat 的电化学工作站用于压力模拟釜容器中带压在线电化学测试，测试时必须选择浮地设置，因为压力容器釜为接地。除此之外，所有的电化学测试均在 PTN320N 工作站进行。

本节进行的电化学测试方法包括开路电位测试、塔菲尔极化曲线、循环伏安曲线测试、交流阻抗谱测试和 MS 肖特基曲线测试。测试均采用三电极测试体系，带压在线电化学测试参比电极为 Ag/AgCl 电极，在化学池中测试时参比电极为饱和甘汞电极(SCE)。其中塔菲尔极化曲线测试参数为电压扫描速率 2mV/s，扫描电位区间–0.6～0.8V；循环伏安曲线测试电压区间–0.6～0.8V，电位扫描速率1.66mV/s，电流超过 1mA/cm^2 时回扫；交流阻抗谱测试频率范围 0.01～10000Hz，加载电压为正弦交流电压，电压幅值 10mV；MS 肖特基曲线测试时施加正弦交流电压幅值 10mV，电位扫描区间–0.8～1V，测试频率范围 0.01～10000Hz，分析频率值 1000Hz。

进行带压电化学在线测试时，除电化学工作站外，设备还包括 CORTEST 的压力釜及威廉池，压力釜内部结构及威廉池如图 5-1 所示。

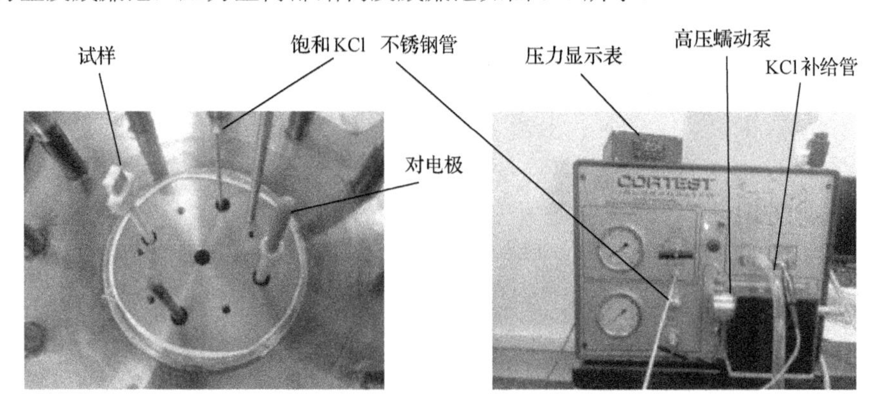

图 5-1　CORTEST 压力釜内部结构及威廉池外观

用于带压在线电化学测试的试样尺寸为 10mm×10mm×4mm，其中一个侧面用直径为 2.75mm 的麻花钻钻孔，孔深不小于 4mm，然后该孔用 1/8 英寸丝锥攻丝(图 5-2)。

图 5-2　带压在线测试电化学试样

如图 5-2，带螺纹孔的电极试样用 260#、400#、600#砂纸打磨平整，而后拧到工作电极固定螺纹上(图 5-1)，除了和对电极相对的工作面外，其余面用绝缘硅胶均匀涂敷，保证只有工作面和溶液介质相接触，待其充分固化后加入测试溶液。测试时，极其微量的饱和 KCl 溶液在高压蠕动泵的作用下进入一定压力的容器内，既保证参比电极浸泡于 KCl 溶液，又不至于改变溶液的成分。

5.2.3　深海模拟反应釜浸泡试验

本节所用立式深海模拟器(彩图 11)，由德国 ESTANIT 公司生产制造。其釜整体由 Hastelloy C-276 合金锻造而成，釜体、釜盖采用锥面密封技术，制造过程遵循德国压力容器制造与测试标准 AD-2000。釜腔体具体参数为：直径 150mm，高 300mm，容积为 5L。额定使用温度与压力分别为 400℃，100MPa。

该釜主要用于一定静水压力下材料的浸泡试验，釜内冷却水管结构及腐蚀试样的固定如图 5-3 所示。

图 5-3　冷却水管及试样的固定

如图 5-3，为避免试样间相互接触引起电偶腐蚀，试样用聚四氟乙烯管隔离，对于尺寸较大的弯曲试样用聚四氟乙烯带独立地固定。釜内倒入配置好的腐蚀介质，因容器容积为 5L，加入的介质体积不能超过 2/3，试样固定好后将其放入釜内，根据所需的压力选择合适的扭矩，用扭矩扳手按一定的顺序紧固压紧螺丝，根据试验压力加压并保压。加压由隔膜式压缩机实现，它是一种特殊结构的容积式压缩机(图 5-4)。

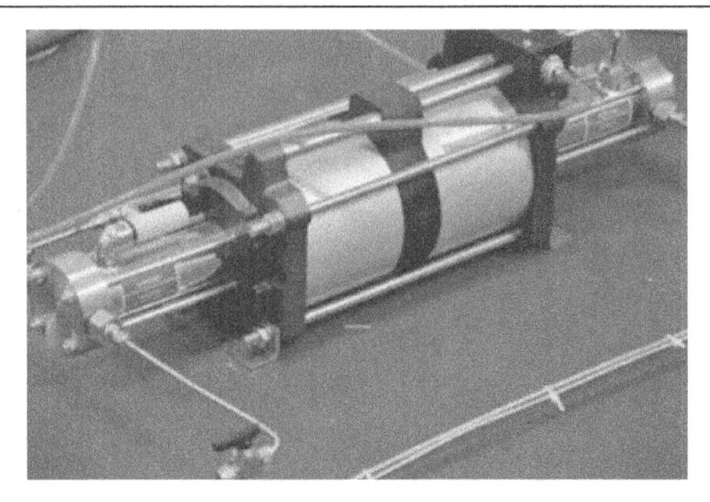

图 5-4　隔膜式压缩机

加压时，空压机推动隔膜式压缩机活塞，进而通过活塞推动气缸油腔中的工作油液，工作油液通过配油盘后再均匀推动膜片在气缸盖与配油盘间曲面所形成的膜腔中做往复运动，改变气缸气腔的容积，在吸气阀、排气阀配合工作的情况下，实现压缩输送气体的目的。由于膜片周边采用完全紧固密封，隔膜式压缩机的气缸气腔是完全密闭的，压缩介质不受任何污染，并具有良好的散热能力，包容气缸面积与其体积比较大，散热性能好，压缩过程较接近等温压缩，因而隔膜式压缩机具有两大特点：一是密封性好；二是压缩比大。

加压达到实验设置压力后，自动停止加压，关闭空压机及进气阀，压力表及控制面板可显示压力值，图 5-5 为 15MPa 压力下浸泡试验时所示压力值。试验过程中应密切关注压力的变化，如出现泄露或管子异常振动，需泄压重新紧固螺丝。实验完成后打开泄压阀放气，取出试样进行形貌观察。

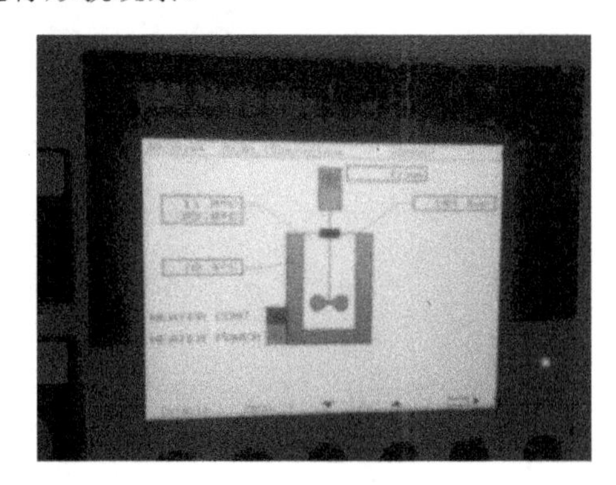

图 5-5　工作压力示意

因此，模拟压力值可以随时监视并进行精确控制。

5.2.4　深海低温海水 AM355 腐蚀性能分析

选择不同回火工艺处理的 AM355 为研究对象，通过测试其在低温 3.5%NaCl 溶液中的电化学行为，对不同回火工艺的 AM355 在低温海水中的性能进行对比分析，考察其在模拟深海低温环境中腐蚀性能与回火工艺的关系。由于海水温度一般随深度的增加而降低，在深度 1000m 处的水温约为 4～5℃，2000m 处为 2～3℃，深于 3000m 处为 1～2℃，本章中模拟溶液的温度选为 4℃。

图 5-6(a)和图 5-6(b)所示为试样经二次淬火、深冷后在 535℃分别回火 1h、4h 和 8h 后所测得的交流阻抗谱曲线和极化曲线。

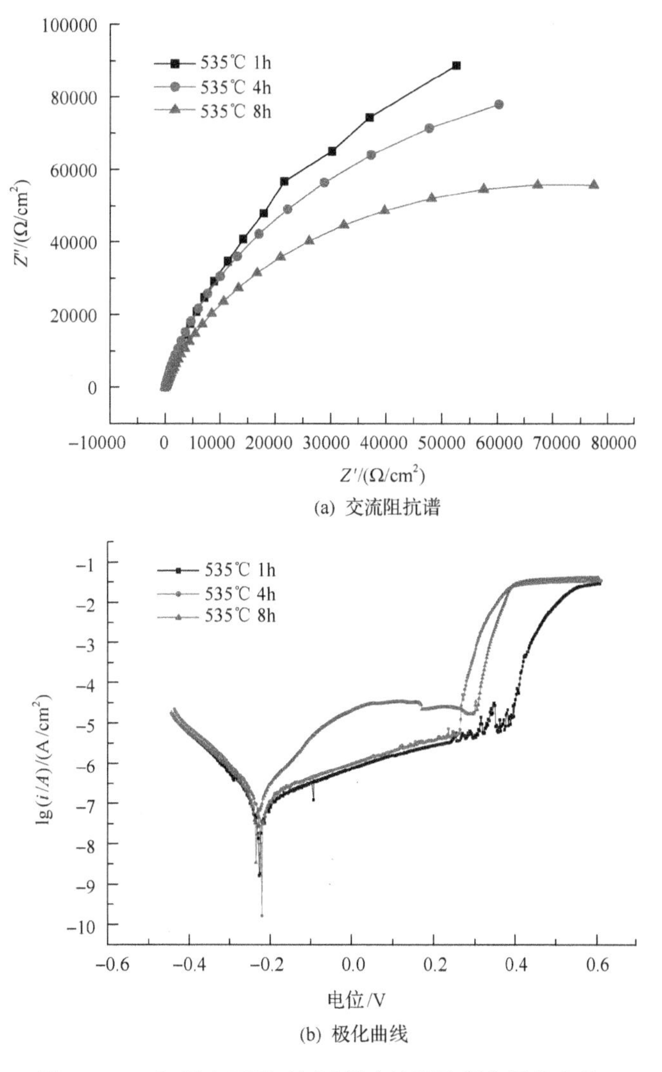

(a) 交流阻抗谱

(b) 极化曲线

图 5-6　535℃回火不同时间试样交流阻抗谱和极化曲线

图 5-7(a)和图 5-7(b)所示为试样经二次淬火、深冷后在 350℃、450℃、535℃、675℃回火 4h 后所测得的交流阻抗谱曲线和极化曲线。

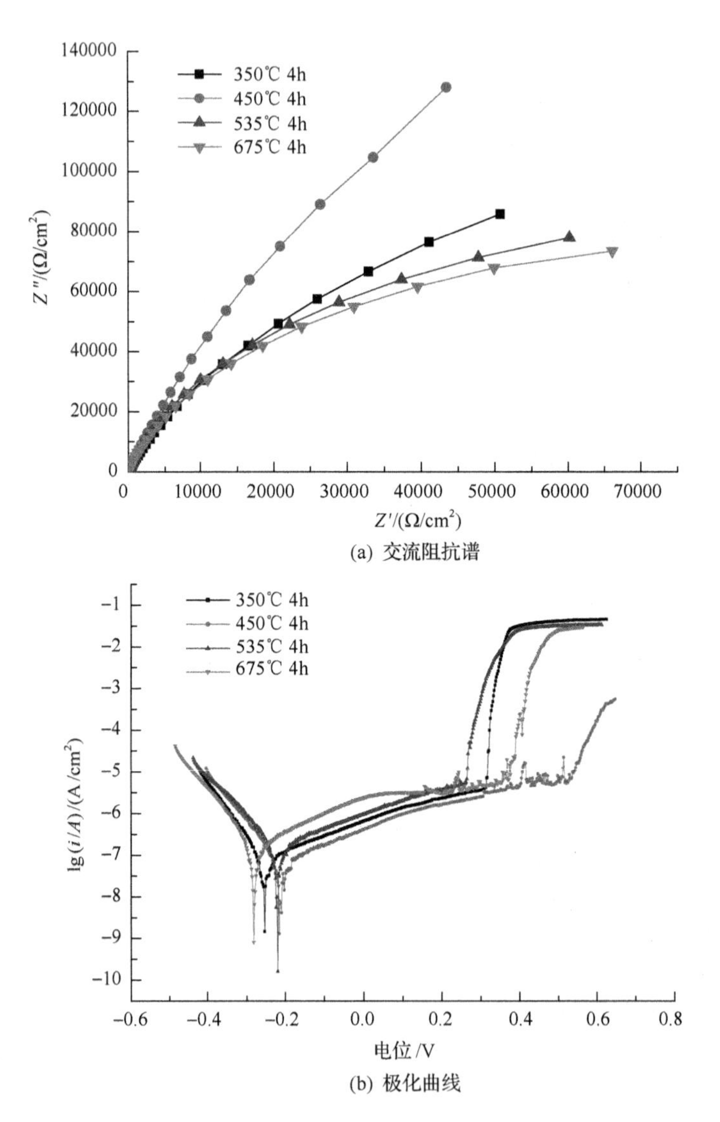

(a) 交流阻抗谱

(b) 极化曲线

图 5-7　不同回火温度保温 4h 试样交流阻抗谱和极化曲线

图 5-6 和图 5-7 曲线拟合后数据如表 5-2、表 5-3 所示，其中表 5-2 为极化曲线线性拟合后获得的自腐蚀电位 E_{corr}、自腐蚀电流、塔菲尔斜率 b_a/b_c、极化电阻 R_p 和点蚀电位 E_{pit}。

表 5-2　塔菲尔曲线拟合数据

	350℃ 4h	450℃ 4h	535℃ 4h	675℃ 4h	535℃ 1h	535℃ 8h
E_{corr}/V (*vs.* SCE)	−0.256	−0.214	−0.228	−0.283	−0.230	−0.227
I_{corr}/ (μA/cm^2)	0.119	0.068	0.144	0.159	0.109	0.141
阳极塔菲尔斜率 b_a/V	0.289	0.277	0.274	0.224	0.278	0.087
阴极塔菲尔斜率 b_c/V	0.078	0.085	0.088	0.083	0.095	0.098
R_p/ (kΩ · cm^2)	320	334	201	146	283	142
E_{pit}/V	0.317	0.525	0.263	0.372	0.389	0.305

表 5-3　交流阻抗谱曲线拟合参数

	350℃ 4h	450℃ 4h	535℃ 4h	675℃ 4h	535℃ 1h	535℃ 8h
R_{sol}/ (Ω · cm^2)	2.57	1.99	3.05	3.11	2.32	1.2
R_{ct}/ (kΩ · cm^2)	280.8	818	203	180	277	144
$Y_0 \times 10^{-6}$/ (Ω^{-1} · cm^{-2})	83.1	86.2	104.6	101.3	73.7	68.9
n	0.883	0.884	0.897	0.897	0.886	0.843

表 5-3 为交流阻抗谱数据采用 $R(R_Q)$ 等效电路模型(图 5-8) 进行拟合所得的等效电路元件值。

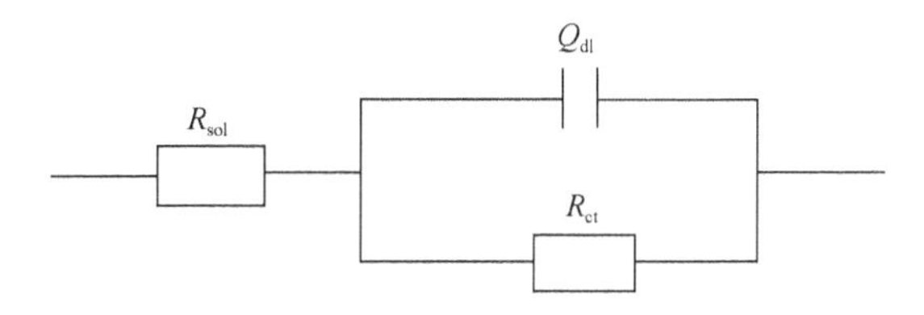

图 5-8　$R(R_Q)$ 等效电路模型

图 5-8 中 R_{sol}、R_{ct} 分别代表溶液电阻和双电层中的传递电阻，Q_{dl} 为常相位角元件 CPE (constant phase element)，其通常用作对电极表面的弥散效应进行解析。在腐蚀电位附近，电极表面上阴、阳极电流并存，但当腐蚀产生的离子只能在金属表面的局部区域穿过金属表面附着层如缓释剂层时，或者电极表面粗糙不平时，就会导致电流分布不均，出现弥散效应，此时所测得的双电层电容往往不是一个常数，而是随交流信号的频率和幅值而发生改变，它由两个参数定义，分别为 CPE-T 和 CPE-n，n 即为弥散指数，其阻抗表达式如下：

$$Z_{cpe} = \frac{1}{Y_0 \times (j\omega)^n} \tag{5-1}$$

由于

$$j^n = \cos\left(\frac{n\pi}{2}\right) + j\sin\left(\frac{n\pi}{2}\right) \tag{5-2}$$

所以

$$Z_{\text{cpe}} = \frac{1}{Y_0 \cdot \omega^n}\left[\cos\left(-\frac{n\pi}{2}\right) + j\sin\left(-\frac{n\pi}{2}\right)\right] \tag{5-3}$$

根据式(5-3)，常相位角元件有三种特殊情况：

若 n=0，则 Y_0 相当于$\frac{1}{R}$，$Z_{\text{cpe}}=R$；

若 n=1，则 Y_0 相当于 C，$Z_{\text{cpe}}=-j\frac{1}{\omega C}$；

若 n=−1，则 Y_0 相当于 L，$Z_{\text{cpe}}=j\omega L$。

如图 5-6 及表 5-2、表 5-3 拟合数值所示，在 535℃回火时，回火 1h 的 AM355 腐蚀电流密度最小，4h、8h 回火时样品的腐蚀电流密度增大，回火 1h 极化电阻和传递电阻值最大，回火 4h 极化电阻和传递电阻值次之，8h 回火后极化电阻和传递电阻值最小。不同回火工艺与腐蚀电流、极化电阻和传递电阻之间的关系如图 5-9 所示。

当回火时长为 4h 时，AM355 的耐腐蚀性能随温度的升高出现先增后降的变化趋势，即样品在 350℃回火时的耐腐蚀性能不如 450℃回火时好，450℃回火时样品的腐蚀电流密度最小、极化电阻和传递电阻值最大，回火温度继续升高，腐

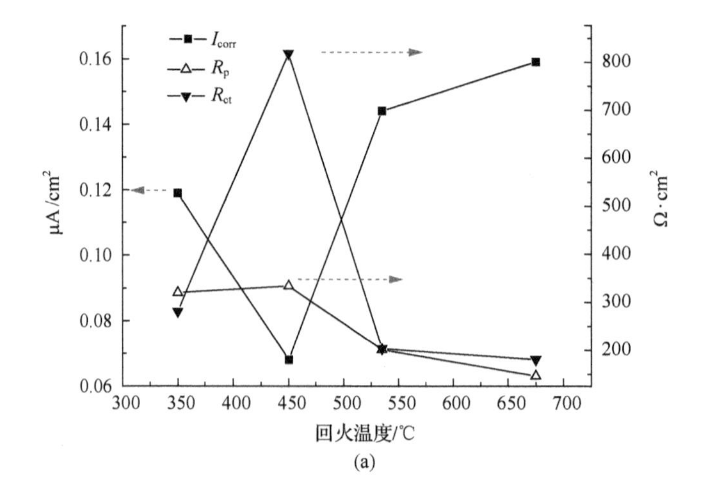

(a)

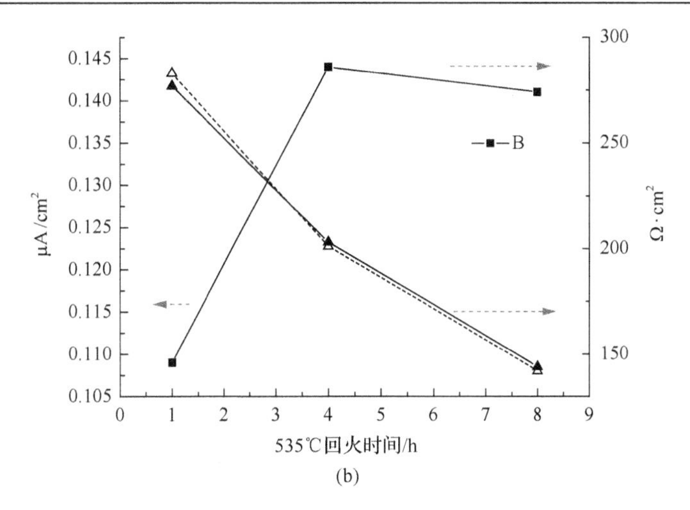

图 5-9　回火工艺与腐蚀电流、极化电阻和传递电阻的关系

蚀电流密度增大，极化电阻、传递电阻逐渐减少。从塔菲尔曲线看，不同温度回火、不同回火时长，样品的阳极极化曲线均未出现明显的钝化区间，不同温度回火、不同回火时长，样品的阴极极化曲线形状大致相同，阴极极化塔菲尔斜率 b_c 值差别不大，表明不同回火温度、回火时长对腐蚀阴极反应影响不大，而阳极塔菲尔斜率 b_a 值则出现了明显的变化，其变化规律为随着回火温度升高及回火时间的延长，阳极塔菲尔斜率 b_a 值减小。除了 535℃回火 8h 的样品外，其余样品的阳极塔菲尔斜率值大大高于阴极塔菲尔斜率值，根据 Evans 腐蚀极化曲线的分析方法，可知阳极过程阻力大于阴极过程阻力，腐蚀过程主要由阳极过程控制，随着回火温度的升高及回火时间的延长，阳极过程阻力逐渐减小，这与回火工艺对组织的影响有关。在未经回火时，碳化物均匀地溶解于马氏体中，回火后，碳化物沉淀析出，回火时长相等时，回火温度越高，析出碳化物颗粒越多；回火温度一致时，回火时间越长，析出碳化物颗粒数量越多，尺寸越大。碳化物析出并聚集，形成一定形状的富 Cr、Mo 析出相，在析出相颗粒周边形成贫 Cr、Mo 区，点蚀将在析出相颗粒周围优先生成。因此，点蚀的数量及尺寸在一定程度上可以反映这一规律，即随着回火温度升高，点蚀数量增多，点蚀尺寸加大，但严格的结论应该对更多区域范围内更多点蚀统计分析得到，需进一步研究确认。图 5-10 为部分回火工艺试样极化后的点蚀形貌。

不同回火温度及回火时长的 AM355 不锈钢在模拟深海低温海水中的极化曲线和交流阻抗谱测试结果表明，在所有试验回火工艺中，AM355 在 450℃回火 4h 时其自腐蚀电流密度最小、极化电阻和传递电阻值最大，除该热处理工艺外，一般的规律为：随着回火温度的升高和回火时长的增大，其耐腐蚀性能变差。

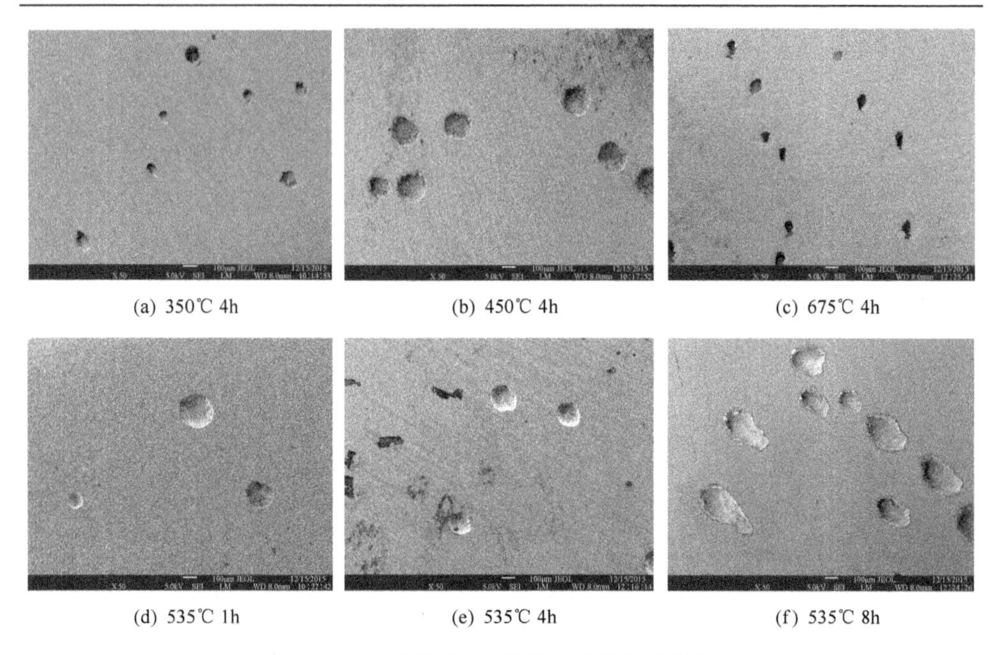

(a) 350℃ 4h　(b) 450℃ 4h　(c) 675℃ 4h

(d) 535℃ 1h　(e) 535℃ 4h　(f) 535℃ 8h

图 5-10　不同回火工艺极化后的点蚀形貌

5.2.5　深海不同 pH 值海水 AM355 腐蚀性能分析

不锈钢的腐蚀和溶液的 pH 值有密切的关系。在金属的腐蚀过程中，与阴极反应相关的气体反应主要有两种，即析氢反应和吸氧反应，其反应方程式分别为：

$$H_2 \longrightarrow 2H^+ + 2e \tag{5-4}$$

$$4OH^- \longrightarrow O_2 + 2H_2O + 4e \tag{5-5}$$

这两种反应都和溶液 pH 值有关，根据能斯特方程式，两种反应的平衡电位 E_e 可分别表示为

$$E_{e(H_2/H^-)} = -0.0591\text{pH} - 0.0295\lg p_{H_2} \tag{5-6}$$

$$\begin{aligned} E_{e(OH^-/O_2)} &= E^{\ominus}_{(OH^-/O_2)} + \frac{2.303RT}{4F}\left(\lg p_{O_2} - \lg a^4_{OH^-}\right) \\ &= 1.229 + 0.0148\lg p_{O_2} - 0.0591\text{pH} \end{aligned} \tag{5-7}$$

可以看出，溶液 pH 值影响腐蚀过程阴极反应的平衡电位，它对腐蚀的影响可由 Pourbaix 图表示，图 5-11 为 Fe-H_2O 系统的 Pourbaix 图及其对腐蚀行为的估计判断。

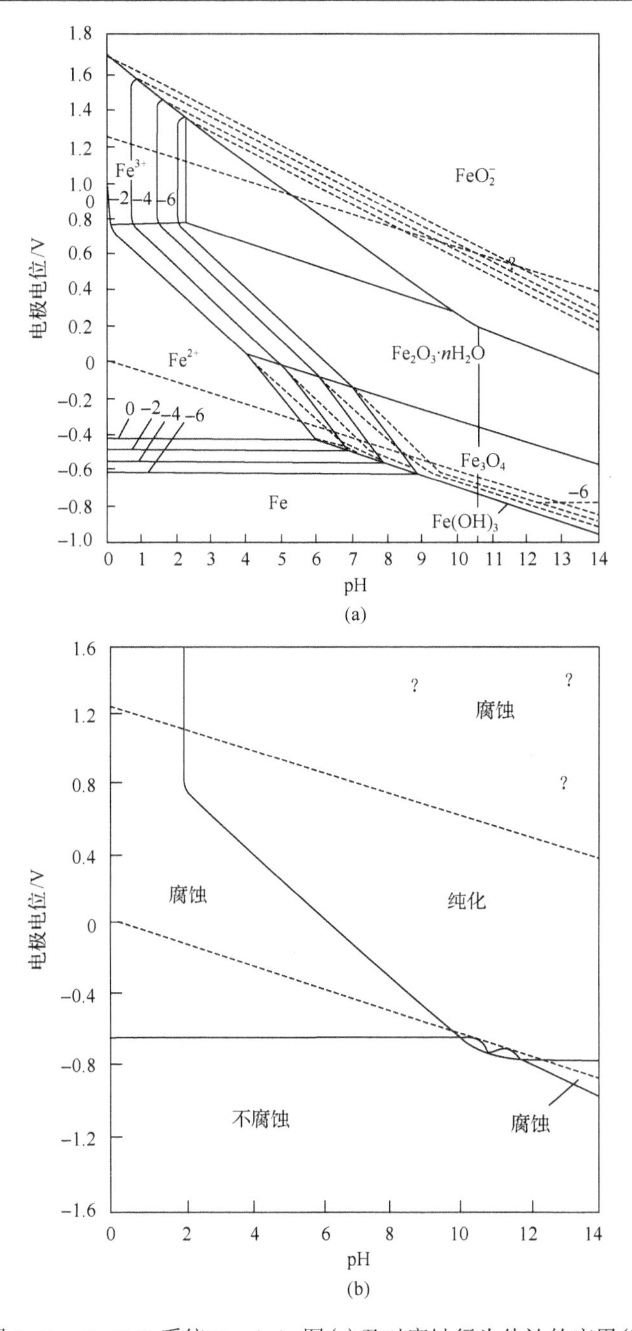

图5-11　Fe-H_2O系统Pourbaix图(a)及对腐蚀行为估计的应用(b)

金属腐蚀过程发生的阳极反应和溶液pH值的关系可分为三种：①与pH值无关，和电极电位相关，此时其在Pourbaix图上表示为平行于横轴的直线；②与pH值相关，和电极电位无关，此时其在Pourbaix图上表示为平行于纵轴的直线；③既与 pH 值相关，又与电极电位相关，其在 Pourbaix 图上表示为一定斜率的直线。由能斯特方程式，根据金属发生腐蚀时可能发生的平衡电位值，在不同的离子活度下可获得一系列直线，如图 5-11(a)所示。又假定溶液中金属离子浓度小于 10^{-6}mol/mL 时固相金属处于稳定状态，根据图 5-11(a)，就可判断金属在不同 pH 值溶液中的腐蚀行为。

由上述分析可知，金属 pH 值和腐蚀行为密切相关，考察 AM355 在不同 pH 值溶液中的腐蚀行为极为必要。考虑到深海热液区中的 pH 值变化范围在 1～7 之间，为考察该 pH 值区间对 AM355 腐蚀性能的影响，在不同的 pH 值溶液中对该材料进行了腐蚀电化学性能测试，并对在溶液中浸泡了 7 天后试样腐蚀形貌进行了观察。溶液配置：0.5mol/L Na_2SO_4 溶液中加入 H_2SO_4，pH 值定为实验方案设定值，实验试样热处理工艺为 450℃回火 4h。

图 5-12 所示为 pH 值为 1、3、5，溶液温度为 25℃时测得的极化曲线。

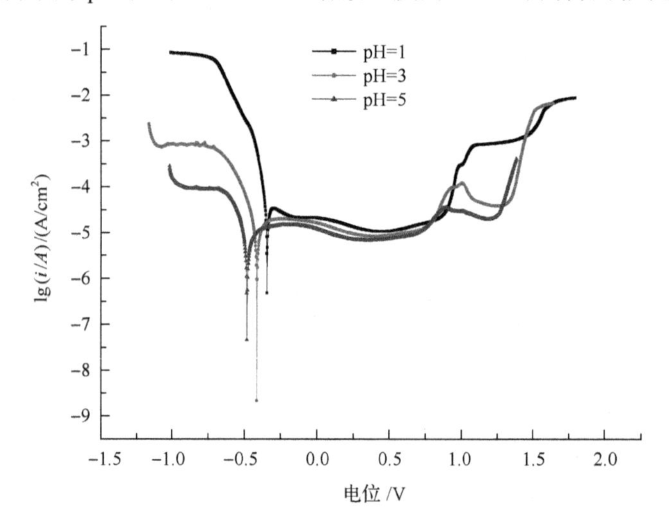

图 5-12　不同 pH 值 AM355 的极化曲线

极化电压、电流数据用 NOVA 软件进行拟合，结果如表 5-4。

表 5-4　不同 pH 值极化曲线拟合结果

	pH=1	pH=3	pH=5
E_{corr}/V (*vs*.SCE)	−0.340	−0.404	−0.474
I_{corr}/(μA/cm^2)	29.4	14.08	10.56
阳极塔菲尔斜率 b_a/V	0.56	0.68	1.41
阴极塔菲尔斜率 b_c/mV	55.5	132	158
R_p/(kΩ · cm^2)	0.746	4.41	5.86
E_b/V	0.99	0.75	0.68

设极限扩散电流密度为 I，当反应速度由扩散控制时，存在如下关系：

$$|I| = nFD\frac{C_s - C_b}{l} \tag{5-8}$$

式中，D 为扩散物质的扩散系数，单位为 mol/cm^2；nF 相应于每 mol 的物质被还原的电量；C_b、C_s 分别代表金属表面及溶液本体物质的浓度；l 为扩散层或滞流层厚度。当 C_b=0 时，可得扩散控制时的极限电流密度 I_L 为

$$I_L = nFD\frac{C_s}{l} \tag{5-9}$$

在酸性条件下，阴极反应为 H_2 的析出，因其搅动作用，假定扩散层厚度在不同 pH 值(≤3)条件下变化很小，那么不同 pH 值条件下其极限扩散电流密度和溶液中的 H^+离子浓度呈正比。如图 5-12，阴极还原反应极限扩散电流在 pH=1 时为 84.4mA/cm^2，pH=3 时为 0.833mA/cm^2，pH=5 时为 0.0884mA/cm^2。在 pH 值为 1 和 3 时，其极限电流密度比值 84.4/0.833=101，显然该比值和溶液中 H^+离子浓度的比值 100 相近，说明在 pH≤3 时，阴极的主要反应类型为 H^+离子的还原反应。我们已知，O_2 的还原反应的平衡电位远比 H_2 还原反应平衡电位要正 1V 以上，因此氧气也参与了阴极反应，但由于溶解氧的浓度小，其极限扩散电流密度约为每平方厘米数百微安，当 pH≤3 时，其数值可以忽略，而 pH 值较大时，其对极限扩散电流密度的影响不可以忽略。pH=5 时，如以氢离子浓度计算其极限扩散电流密度，假定扩散系数、扩散层厚度不随浓度改变而改变，根据类比，其值在 8.33μA/cm^2，而实际数值为 88.4μA/cm^2，可见 pH=5 时阴极还原反应以氧气的还原为主。

另外，由表 5-4 中所见，pH=1 时阴极塔菲尔斜率 b_c 为 55.5mV，而 pH=3 时阴极塔菲尔斜率 b_c 为 132mV，可见它们的阴极反应机制并不一样。H^+离子在金属的表面被还原、以氢气析出的过程包括三个步骤，分别为：

(1) H^+得到电子成为氢原子 H_{ad}，吸附于金属表面，该反应也称为放电反应，如式(5-10)：

$$H^+ + e \longrightarrow H_{ad} \tag{5-10}$$

(2) 吸附氢原子形成氢分子；

(3) 氢分子离开金属表面。

其中，第二个步骤可按两种不同的方式进行，一为化学脱附反应，即两个吸附氢原子生成一个氢分子，其方程式为：

$$2H_{ad} \longrightarrow H_2\uparrow \tag{5-11}$$

另一为电化学脱附反应，即一个氢离子得到电子并和一个吸附氢原子合并生成氢分子，其方程式为：

$$H^{+}+e+H_{ad} \longrightarrow H_2 \uparrow \tag{5-12}$$

不同的反应机制其反应动力学就不一样，塔菲尔斜率的值也不一样。下面结合测试的塔菲尔斜率值讨论 pH 为 1、3 时，AM355 表面吸附氢原子生成氢分子的反应机制。

假定氢原子生成氢分子的反应为化学脱附反应，金属表面吸附氢原子的表面所占面积比为 θ，I 为电流密度值，反应常数为 k_1，反应速率控制步骤存在两种情况，分别为放电反应步骤控制和化学脱附反应步骤控制，分别讨论如下：

(1)反应速率由放电反应步骤控制

$$I = 2Fk_1 a_{H^+}(1-\theta)\exp\left[\frac{-(1-\alpha)FE}{RT}\right] = I_{0c}\exp\left[\frac{-(1-\alpha)F}{RT}\eta\right] \tag{5-13}$$

式中，F 为法拉第常数；R 为理想气体常数，8.314J/(K. mol)；T 为热力学温度，K；a_{H^+} 为氢离子活度；α 为对称系数；η 为过电位，此处为负值。则

$$\eta = -\frac{2.303RT}{(1-\alpha)F}\lg I + \frac{2.303RT}{(1-\alpha)F}\lg I_{0c} \tag{5-14}$$

取 $\alpha = 0.5$，25℃时阴极塔菲尔斜率 $b_c = \frac{2.303RT}{(1-\alpha)F} = 118.3\text{mV}$ 。

(2)反应速率由化学脱附反应步骤控制

$$I = 2Fka_{H_{ad}}^2 \tag{5-15}$$

式中，k 为比列常数；F 为法拉第常数；因 $a_{H_{ad}}^2$ 为吸附氢原子活度，它和金属表面吸附氢原子的面积百分比 θ 成正比，所以

$$I = 2Fk_2\theta^2 \tag{5-16}$$

由于此时氢离子放电反应很快，可认为氢离子放电反应处于平衡，电极反应的正向反应电流密度 $\vec{I}$ 和反向电流密度 $\overleftarrow{I}$ 的绝对值可以分别表示为：

$$\vec{I} = F\vec{k}_1 a_{H^+}(1-\theta)\exp\left[\frac{-(1-\alpha)FE}{RT}\right] \tag{5-17}$$

$$\overleftarrow{I} = F\overleftarrow{k_1}\theta\exp\left(\frac{\alpha FE}{RT}\right) \tag{5-18}$$

因其处于平衡，正反向电流密度相等，对称系数 α 定为 0.5，由式(5-17)、式(5-18)可求得

$$\theta = \frac{\dfrac{\overrightarrow{k_1}}{\overleftarrow{k_1}}a_{H^+}\exp\left(\dfrac{-FE}{RT}\right)}{1+\dfrac{\overrightarrow{k_1}}{\overleftarrow{k_1}}a_{H^+}\exp\left(\dfrac{-FE}{RT}\right)} \tag{5-19}$$

$$\frac{1}{\theta} = 1+\frac{1}{\dfrac{\overrightarrow{k_1}}{\overleftarrow{k_1}}a_{H^+}\exp\left(\dfrac{-FE}{RT}\right)} \tag{5-20}$$

假定氢原子吸附面积所占比例很小，则 $\dfrac{1}{\theta}$ 值很大，式(5-20)右边第 1 项可忽略，则

$$\theta = \frac{\overrightarrow{k_1}}{\overleftarrow{k_1}}a_{H^+}\exp\left(\frac{-FE}{RT}\right) \tag{5-21}$$

将式(5-21)代入式(5-16)，反应常数合并整理后可得：

$$I = 2Fka_{H^+}^2\exp\left(-\frac{2FE}{RT}\right) = I_{0c}\exp\left(\frac{-2F\eta}{RT}\right) \tag{5-22}$$

25℃时，阴极塔菲尔斜率 $b_c = \dfrac{2.303RT}{2F} = 29.6\text{mV}$。

以上为假定氢原子生成氢分子的反应为化学脱附反应，两种不同反应速率控制步骤情况下阴极塔菲尔斜率的讨论。

当氢原子生成氢分子的反应为电化学脱附反应时，如反应速率由氢离子放电反应控制，则其阴极塔菲尔斜率与上述第一种情况一致，也为 118.3mV，如其反应速率为电化学脱附反应控制时，该反应速度常数为 k，有

$$I = 2Fk\theta a_{H^+}^2\exp\left[\frac{-(1-\alpha)FE}{RT}\right] \tag{5-23}$$

将式(5-21)代入，取对称系数 $\alpha = 0.5$，则

$$
\begin{aligned}
\mathrm{I} &= 2Fk\frac{\overrightarrow{k_1}}{\overleftarrow{k_1}}a_{\mathrm{H}^+}\exp\left(\frac{-FE}{RT}\right)a_{\mathrm{H}^+}^2\exp\left[\frac{-(1-\alpha)FE}{RT}\right] \\
&= 2FKa_{\mathrm{H}^+}^2\exp\left(\frac{-1.5FE}{RT}\right) = I_{0\mathrm{c}}\exp\left(\frac{-1.5F\eta}{RT}\right)
\end{aligned} \tag{5-24}
$$

因此，25℃时阴极塔菲尔斜率 $b_\mathrm{c} = \dfrac{2.303RT}{1.5F} = 39.5\mathrm{mV}$ 。

上述为不同析氢机理下对阴极塔菲尔斜率的讨论，在该讨论中做了如下假设：①阴极反应为单一的析氢反应。②氢原子吸附面积百分比很小。根据试验所测结果，pH 为 1、3 时阴极塔菲尔斜率分别为 55.5mV 和 132mV，如忽略测试时计算的误差，可以判定在 pH=3 时，反应速率的控制主要为氢离子的放电反应，而 pH=1 时，反应速率则主要由电化学脱附或者化学脱附所控制。

如表 5-4 所示，随着 pH 值的减小，腐蚀电位正移且腐蚀电流密度增大。对此，我们做如下解释。如式(5-6)中，随着 pH 值的减小，氢离子还原反应的平衡电位是正移的，pH 为 1 时其阴极塔菲尔斜率小于 pH 为 3 时，假定金属阳极反应机制在酸性环境中不变(阳极塔菲尔斜率相差不大)，根据 Evans 极化曲线的分析方法，作图 5-13 示意如下。

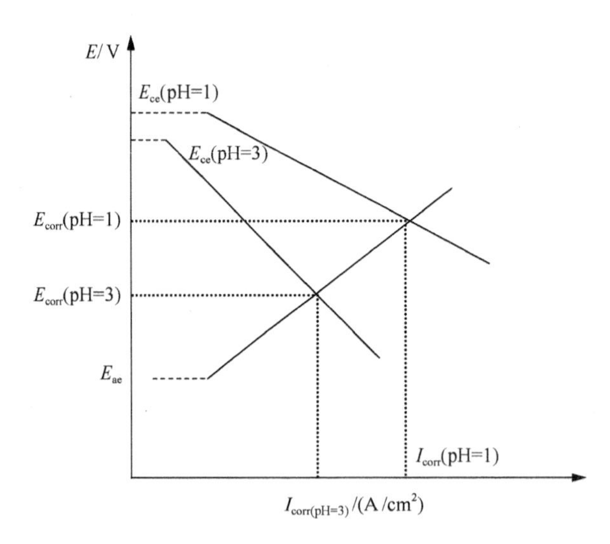

图 5-13 酸性溶液中 pH 值对腐蚀电位、腐蚀电流的影响

如图 5-13，随着 pH 值的减小，腐蚀电位正移，腐蚀电流密度增大。事实上，在酸性溶液中，pH 值与腐蚀电位存在如下关系：

$$E_{\mathrm{corr}}=E_{\mathrm{corr}\,(\mathrm{pH}=0)}-0.059\left(\frac{\nu_{\mathrm{a}}+\nu_{\mathrm{c}}}{\lambda_{\mathrm{a}}+\lambda_{\mathrm{c}}}\right)\mathrm{pH} \tag{5-25}$$

式中，ν_a、ν_c 分别为阳极反应级数和阴极反应级数；λ_a、λ_c 为阳极和阴极反应的传递系数。

除了反应机制、腐蚀电位、腐蚀电流的变化外，从极化曲线还可观察到 AM355 的钝化性能随 pH 值出现的变化。如图 5-12 及表 5-4 所示，pH=5 时致钝电位–0.2V，致钝电流 15.0μA/cm^2，活化电位 0.35V，过钝化电位 0.68V；pH=3 时致钝电位–0.2V，致钝电流 19.9μA/cm^2，活化电位 0.4V，过钝化电位 0.75V；pH=1 时致钝电位–0.01V，致钝电流 34.3μA/cm^2，活化电位 0.45V，过钝化电位 0.99V。除此之外，pH=5 时，在 0.89～1.18V 区间再次钝化；pH=3 时，在 1.01～1.28V 区间出现了再次钝化，而 pH=1 时未出现，此处的钝化为孔蚀的蚀核消失。在不同 pH 值溶液中浸泡了 7 天后的腐蚀形貌证明了该点，如图 5-14 所示。

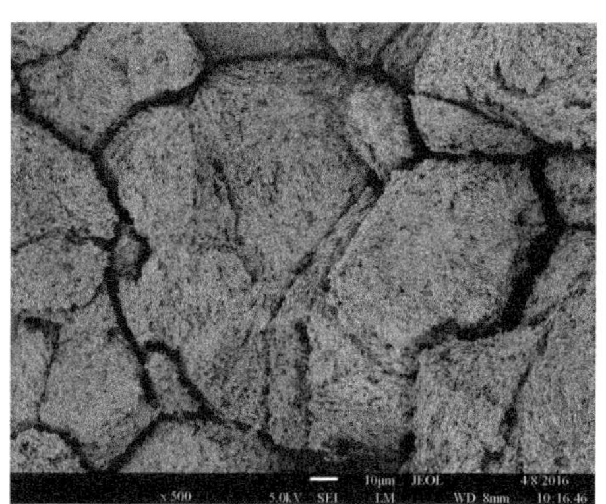

pH=1

pH=3

pH=5

图 5-14　不同 pH 溶液中浸泡 7 天后腐蚀形貌

如图 5-14 所示，在 pH=1 溶液中浸泡 7 天后，AM355 出现了全面腐蚀，晶间腐蚀严重，而 pH 为 3、5 的溶液中未观察到明显腐蚀。

为了测试 AM355 在不同 pH 值溶液中钝化膜的性能，在不同的 pH 值下进行了 Mott-Schottky（MS）曲线的测试。金属及合金表面形成的氧化物膜和它们的电化学行为密切相关，金属氧化物通常属半导体。对于 n 型半导体，导电载体主要是带负电的电子，这些电子来自半导体中的施主,凡掺有施主杂质或施主数量多于受主的半导体都是 n 型半导体；p 型半导体导电性主要依靠价带中的空穴，凡掺有受主杂质或受主数量多于施主的半导体都是 p 型半导体。

通常，金属表面钝化膜的半导体性质可以用空间电荷层的电容随电极电位变化的函数来表示，而这种函数一般又可用 Mott-Schottky 方程加以表述。

对于 n 型半导体，

$$\frac{1}{C_{\mathrm{sc}}^2}=\frac{2}{\varepsilon\varepsilon_0 e N_{\mathrm{D}}}\left(E-E_{\mathrm{FB}}-\frac{KT}{e}\right) \tag{5-26}$$

对于 p 型半导体，

$$\frac{1}{C_{\mathrm{sc}}^2}=\frac{2}{\varepsilon\varepsilon_0 e N_{\mathrm{A}}}\left(E-E_{\mathrm{FB}}-\frac{KT}{e}\right) \tag{5-27}$$

式中，ε_0 为真空电容率，其值为 8.85419×10^{-14}F/cm；ε 为室温下钝化膜的介电常数，对不锈钢而言，该值取值区间为 12～15.6，本书取 ε 值为 12；N_{D} 为施主浓度；N_{A} 为受主浓度；E 为施加电极电位；K 为玻尔兹曼常数，1.38×10^{-23}J/K；T 为绝对温度；e 为电子电量，1.602189×10^{-19}C；E_{FB} 为平带电位，其 Nernstian 数学表达式为：

$$E_{\mathrm{FB}}=-\frac{E_0^F}{q}+\Delta\phi_{\mathrm{H}} \tag{5-28}$$

式中，$\frac{E_0^F}{q}$ 代表空间电荷层的电位降；$\Delta\phi_{\mathrm{H}}$ 为电极表面（由表面电荷 q 决定）与外 Helmholtz 层的电位差，由于半导体电极内部空间电荷层的电位降在平带电位下为零，平带电位的变化反映了 Helmholtz 双电层电位分布的变化。

图 5-15 为不同 pH 值溶液中 AM355 的 MS 曲线。

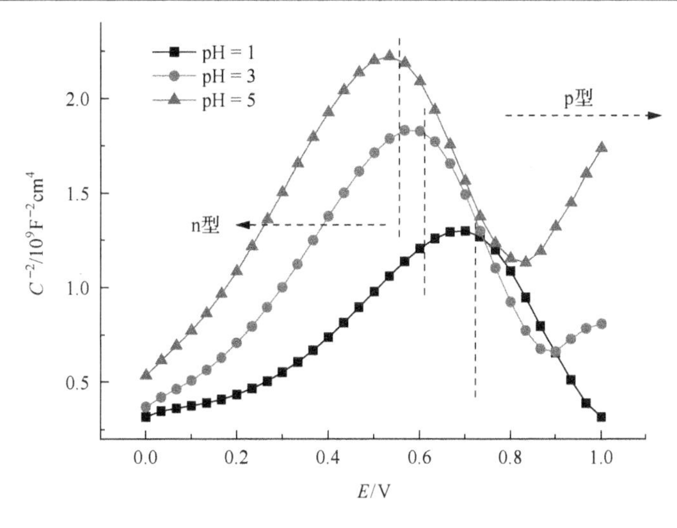

图 5-15　不同 pH 值 AM355 MS 曲线

如图 5-15，MS 曲线测试电位区间为 0～1V，从极化曲线看，pH 为 1、3、5 时过钝化电位分别为 0.99V、0.75V 和 0.68V，但是 pH 为 3、5 时都出现了二次钝化，为保证研究范围在钝化区间内，对不同 pH 值环境下测试的曲线分别选取不同的电位分析区间，具体来说，pH=1 时分析区间为 0～1V；pH=3 时为 0～0.8V；pH=5 时为 0～0.75V，在各自电位区间内，虚直线可将 MS 曲线分成左右两半，左右各有一段斜率分别为正、负的直线区间。直线斜率均为正，表现为 n 型半导体；一段直线斜率均为负，表现为 p 型半导体。研究表明，Cr 的氧化物呈 p 型半导体特性，Fe 的氧化物和水化物则呈 n 型半导体特性，不锈钢钝化膜为双层膜结构，内层为 p 型氧化铬，外层为铁氧化物。因此，AM355 在 pH 溶液中形成的钝化膜由 n 型和 p 型半导体组成,当测试电位较低时，钝化膜的导电性主要由铁氧化物中的电子载体，钝化膜为 n 型半导体，随着测试电位的升高，铁氧化物的电子空间电荷层不断耗尽，铬氧化物中的空穴充当主要的导电载体，钝化膜体现为 p 型。

根据式(5-26)，p 型或 n 型直线区间的斜率越大，施主浓度(N_D)和受主浓度(N_A)越小。由图 5-15 可知，随着 pH 值的降低，n 型半导体的 N_D 逐渐降低，p 型半导体的 N_A 则变化不大。计算平带电位，pH 值对平带电位的影响如图 5-16 所示。

由图 5-16 可知，pH 值和平带电位呈线性关系，随着 pH 值的升高，平带电位负移，其斜率值约为–42mV/pH。由式(5-28)，平带电位的变化反映了 Helmholtz 双电层电位分布，pH=1、3 时平带电位为正，表面氧化膜表面正电荷过剩，pH=5 时平带电位为负，氧化膜表面负电荷过剩。因此，不同的 pH 值溶液中其钝化膜表面电荷状态不一致。

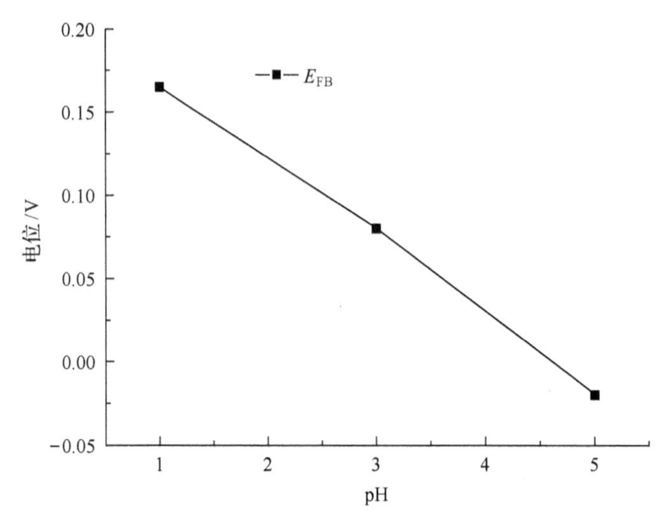

图 5-16　pH 值与 AM355 平带电位的关系

图 5-17 为不同 pH 值溶液中测试的交流阻抗谱曲线。如图 5-17 所示，随 pH 降低，容抗弧半径迅速减小，耐腐蚀性能下降。

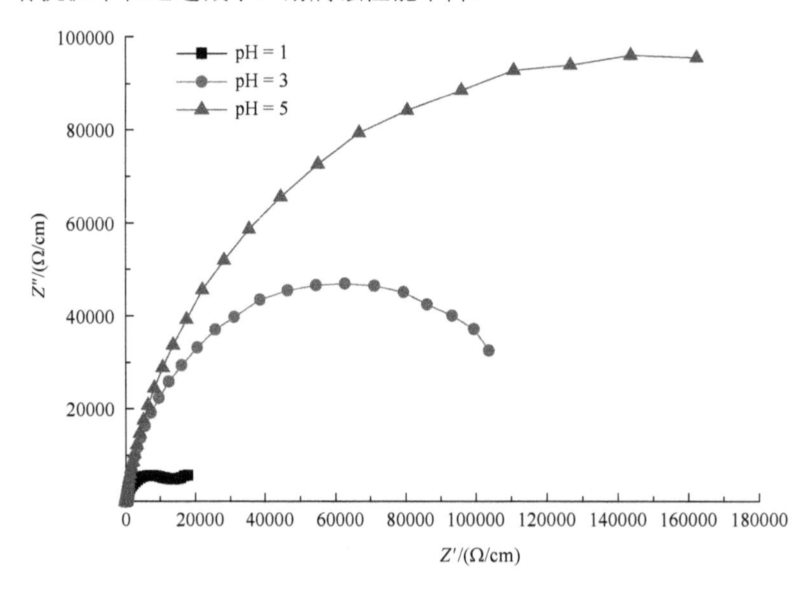

图 5-17　不同 pH 值溶液中心交流阻抗谱曲线

根据极化曲线、MS 曲线和阻抗谱曲线及腐蚀形貌，本小节分析了不含 Cl^-的酸性溶液中 pH 值对 AM355 腐蚀行为的影响，结果表明，随酸性的加大，AM355 腐蚀性能迅速下降，pH 值为 1 时发生了严重的晶间/晶内全面腐蚀，pH 值为 3、5 时浸泡 7 天未见明显腐蚀。

5.2.6　深海弱酸环境下 Cl^-浓度对 AM355 腐蚀行为的影响

图 5-18 为 pH=3 时不同 Cl^-浓度浸泡 7 天后 AM355 的腐蚀形貌。溶液配置：0.5mol/L Na_2SO_4 溶液中加入 H_2SO_4，pH 值为 3，加入一定质量的 NaCl 配置不同浓度 Cl^-溶液，实验试样热处理工艺为 450℃回火 4h。

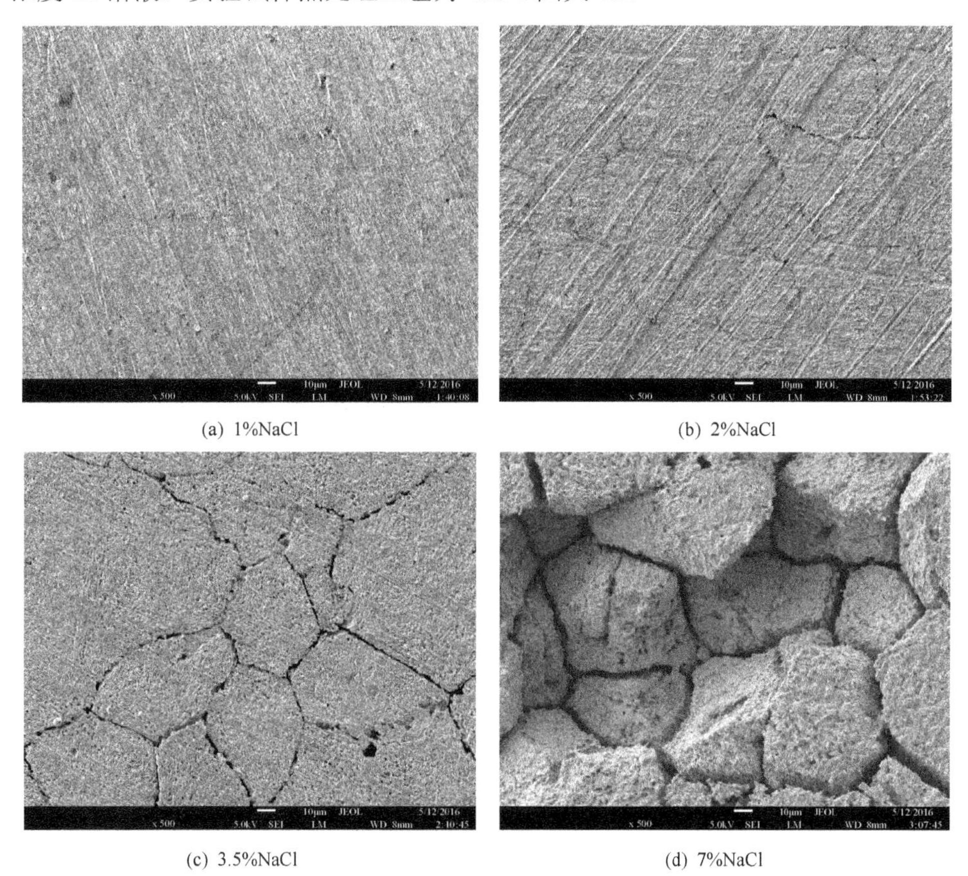

(a) 1%NaCl　(b) 2%NaCl　(c) 3.5%NaCl　(d) 7%NaCl

图 5-18　pH=3 时不同浓度 Cl^-溶液 AM355 浸泡 7 天后腐蚀形貌

如图 5-18，Cl^-的存在对 AM355 在酸性溶液中的腐蚀有极大的影响，在无 Cl^-时，pH=3 溶液中浸泡 7 天后基本不腐蚀，随着 Cl^-浓度的增加，晶间腐蚀越来越严重，在 7%NaCl 酸性溶液中，发生了极为严重的全面腐蚀。

不锈钢的耐蚀性主要是由于 Cr、Mo 等合金元素在其表面形成一层致密的氧化膜，使其表面发生钝化。Cl^-的添加会使钝化膜发生破坏，目前主要有两种理论解释，分别为：

(1) 钝化膜破坏理论。该理论认为，腐蚀性的阴离子在钝化膜上吸附后破坏了钝化膜。如对不锈钢而言，点蚀最为敏感的阴离子为 Cl^-，由于 Cl^-半径小，吸附后穿过钝化膜，在钝化膜内产生感应离子导电，使得在膜的某些点阳离子杂乱移动，使膜上某些地方的电位超过临界值时发生点蚀。

(2)吸附理论。认为点蚀的发生主要是由于氯离子和氧离子的竞争吸附，Cl^-优先吸附排挤了氧的吸附，从而使钝化膜不稳定。

两种理论都认为表面Cl^-存在时对不锈钢耐蚀性能的破坏作用，特别是引起并加速局部腐蚀，这方面已有大量的研究工作。而 Masashi Nishimoto 采用铽-吡啶二羧酸化合物和硫酸奎宁作为染色剂对奥氏体不锈钢(Fe-18Cr-10Ni-5.4Mn)发生缝隙腐蚀过程中缝隙内的 pH 值、Cl^-浓度进行了在线检测，发现在缝隙腐蚀的孕育阶段，pH 值从 3.0 逐渐降到 2.0，Cl^-浓度从 0.01mol/L 升至 0.18mol/L，而缝隙内的孔蚀里面 pH 值则降至 0.5，Cl^-浓度达到 4mol/L，低 pH 值和高Cl^-浓度使得缝隙腐蚀不会发生自钝化，持续发展。但是Cl^-对腐蚀的影响机制是复杂的，受溶液组分等多因素的影响，如Cl^-浓度的增加会降低 CO_2 在溶液中的溶解度，从而抑制因 CO_2 引起的腐蚀，而其本身却促进了局部腐蚀。

图 5-19 为不同Cl^-浓度，pH 值为 3 时测试的交流阻抗谱曲线。

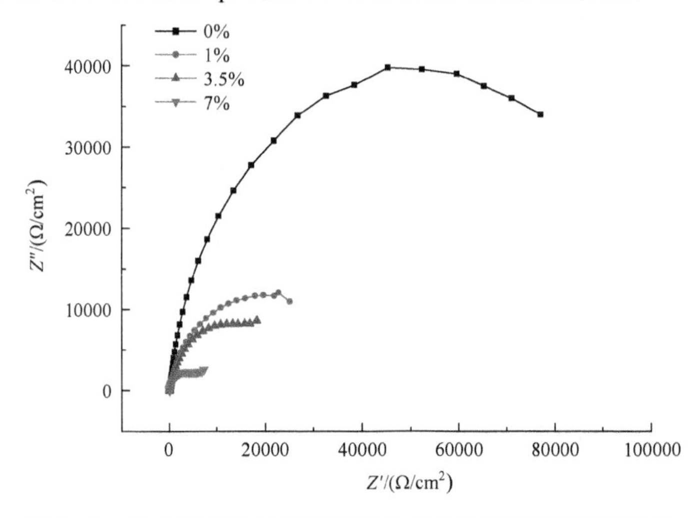

图 5-19　pH=3 时不同Cl^-浓度溶液中 AM355 的交流阻抗谱曲线

根据图 5-20 所示等效电路模型，运用 Nova 软件进行拟合，拟合参数见表 5-5。

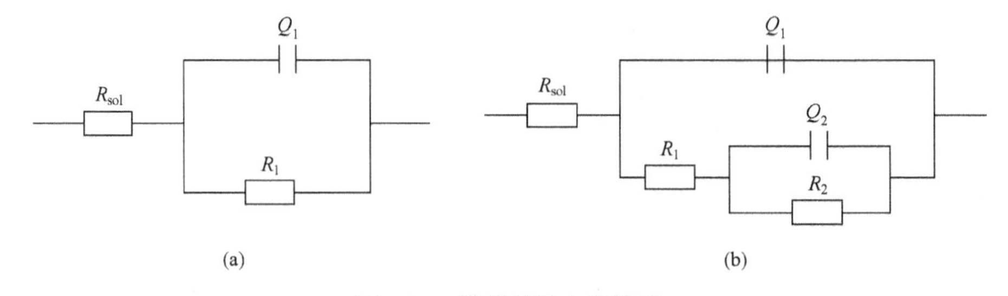

图 5-20　模拟等效电路模型

表 5-5　pH=3 时不同 Cl⁻浓度 AM355 交流阻抗谱拟合参数

	0% Cl⁻	1% Cl⁻	3.5% Cl⁻	7% Cl⁻
$R_{sol}/\Omega\cdot cm^2$	10.7	1.66	2.8	1.99
$R_1/(k\Omega\cdot cm^2)$	97.9	19.8	18.1	5.1
$Y_1\times10^{-6}/(\Omega/cm^2)$	54.3	113	156	168
n_1	0.878	0.872	0.846	0.862
$R_2/(k\Omega\cdot cm^2)$		16.2	11.2	5.98
$Y_2\times10^{-6}/(\Omega/cm^2)$		347	960	1300
n_2		0.785	0.756	0.671

图 5-20(a)为 pH=3 时、未添加 NaCl 时交流阻抗谱等效电路，该介质内材料未见明显腐蚀；图 5-20(b)为 pH=3 时添加一定含量 NaCl 时的交流阻抗谱等效电路，其中该介质内材料出现全面腐蚀，相比晶内而言，随着 Cl^-浓度的提高，晶间腐蚀更为严重，此模拟电路 R_1 代表钝化膜电阻；R_2 代表晶间腐蚀传递电阻；Q_1、Q_2 为对应的常相位角元件。

如图 5-19 及表 5-5 所示，当 pH=3 时，随着 Cl^-浓度的增加，低频区阻抗值迅速降低。拟合数据表明，钝化膜阻抗随着 Cl^-浓度增加迅速减小，表明 Cl^-的吸附加速钝化膜的破坏；同理，Cl^-的吸附也加速了晶间腐蚀，由于晶间腐蚀形成缝隙，造成晶间缝隙内 pH 值进一步下降，发生自催化效应，晶间腐蚀阻抗也大为减少，同时弥散指数 n 逐渐减小，双电层内电流分布越来越不均匀。

图 5-21 为不同 Cl^-浓度，pH 值为 3 时测试的极化曲线，表 5-6 为该曲线的拟合结果。

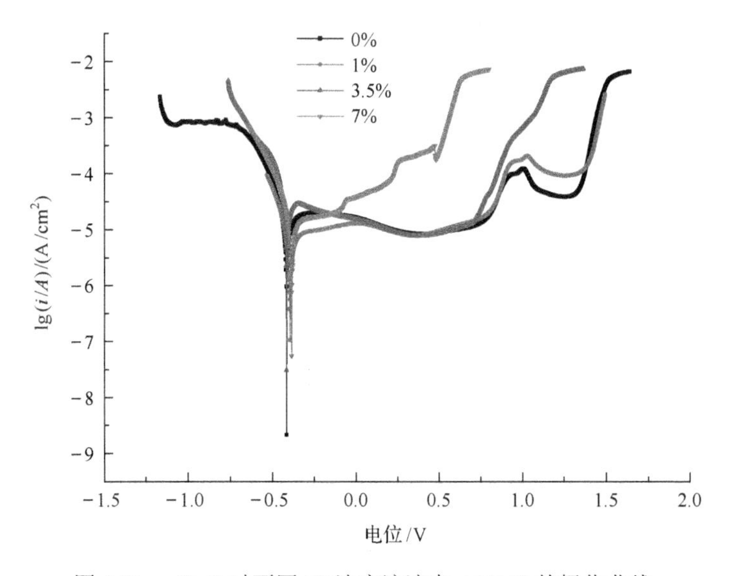

图 5-21　pH=3 时不同 Cl^-浓度溶液中 AM355 的极化曲线

表 5-6　pH=3 时不同 Cl^-浓度 AM355 极化曲线的拟合结果

	1% Cl^-	3.5% Cl^-	7% Cl^-
E_{corr}/V (*vs*.SCE)	–0.39	–0.414	–0.382
I_{corr}/ (μA/cm^2)	7.7	15.36	14.16
阳极塔菲尔斜率 b_a/V	1.576	1.632	1.75
阴极塔菲尔斜率 b_c/V	0.13	0.128	0.124
R_p/ (kΩ · cm^2)	6.77	1.48	3.93
E_b/V	1.42	0.76	0.5

如图 5-21 所示，在 pH=3、NaCl 浓度为 1%和 3.5%时，阴极极化曲线形状一致，Cl^-的吸附没有改变阴极反应机制，仍为析氢为主、伴随吸氧的阴极过程；阳极极化曲线均存在钝化区间，而 NaCl 浓度为 7%时，阳极极化曲线未见明显钝化区。1% NaCl 溶液中，致钝电位为 0.02V，致钝电流为 12.9μA/cm^2，活化电位为 0.4V，极化电压在 0.8～1.2V 区间，出现明显的氧化峰并出现再次钝化，结合腐蚀形貌，此处钝化应为析出相相邻周边处出现点蚀的钝化，维钝电流为 90.9μA/cm^2，过钝电压为 1.395V；当 NaCl 浓度升高至 3.5%时，致钝电位为–0.35V，较 1%NaCl 酸性溶液中反而负移，但致钝电流为 28.7μA/cm^2，超过 1%NaCl 酸性溶液中致钝电流一倍还多，说明 Cl^-的吸附后需更多的金属溶解才能形成钝化膜，活化电位为 0.4V，极化电压继续升高，没有出现二次钝化，说明该 Cl^-浓度下，出现的蚀核无法钝化，过钝化电位为 0.73V，大大降低；当 NaCl 浓度升高至 7%时，虽无明显钝化过程，但在–0.3～–0.1V 之间，电流随极化电位升高而增加不明显，电位为–0.09～–0.04V 和 0.18～0.28V 区间时，在随电位的升高电流出现快速的增长，随后趋于平稳增长，0.04～0.18V 和 0.18～0.5V 之间电流随电位增长速率基本相同，分别为 842mV 和 836mV，表明反应机制相同，结合腐蚀形貌，这两个区间可能分别代表晶间腐蚀和孔蚀的形成和稳定过程，0.5V 后电流迅速增大，出现点蚀。对比分析可知，Cl^-吸附后与氧原子的竞争过程使得致钝电流增大，维钝电流增大，过钝化电位减少，使 AM355 的耐腐蚀性能降低。极化曲线的拟合数据也清晰地反映了该趋势，拟合数据如表 5-6 所示。

由表 5-6 中拟合数据可知，相比于 1%NaCl 溶液而言，随着 Cl^-浓度的增加，自腐蚀电流增大，点蚀电位降低，但是 7%NaCl 溶液中其腐蚀电流反而比 3.5%NaCl 溶液中小，极化电阻大，这和浸泡 7 天后的腐蚀形貌不相符，其原因为：①极化测试在试样浸泡于相应溶液中 1h 即开始，测试结果仅能表征短时间浸泡后的腐蚀性能，和长时间浸泡后的结果有所差别。②随着氯离子浓度增大，其在金属表面的大量吸附一定程度上降低了 H^+在金属表面的浓度，此时其阳极塔菲尔斜率增大，造成其极化电阻增大。

5.2.7　不同静水压力对AM355腐蚀行为的影响

图5-22为不同静水压力下AM355(450℃回火4h，3.5%NaCl溶液，下同)开路电位随时间变化的曲线。

如图5-22所示，随着静水压力的升高，开路电位负移。图5-22中测试为三个不同的试样在不同压力下进行，为了避免测试结果由材料加工制造过程中导致的不均匀性所引起，对同一个试样在不同压力下进行了测试，待某一压力下开路电位稳定测试完毕后，加压进行下一压力下开路电位测试，整个测试过程约3h，可以忽略浸泡时间对开路电位的影响，其结果如图5-23。

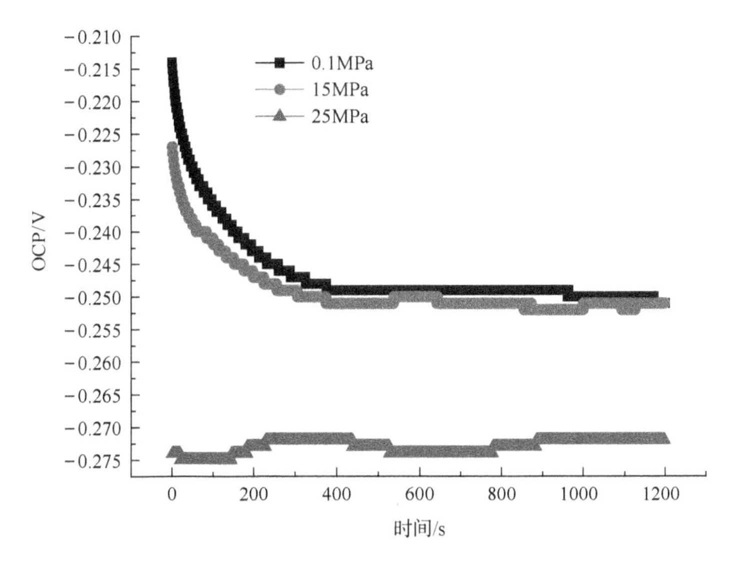

图5-22　不同静水压力下开路电位-时间曲线

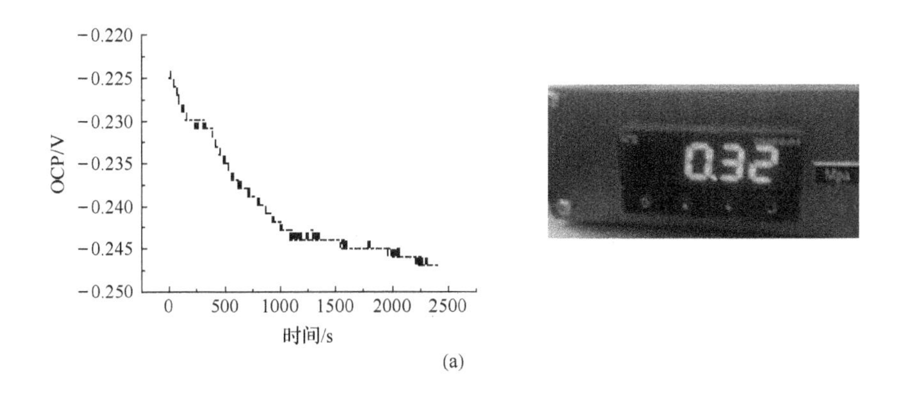

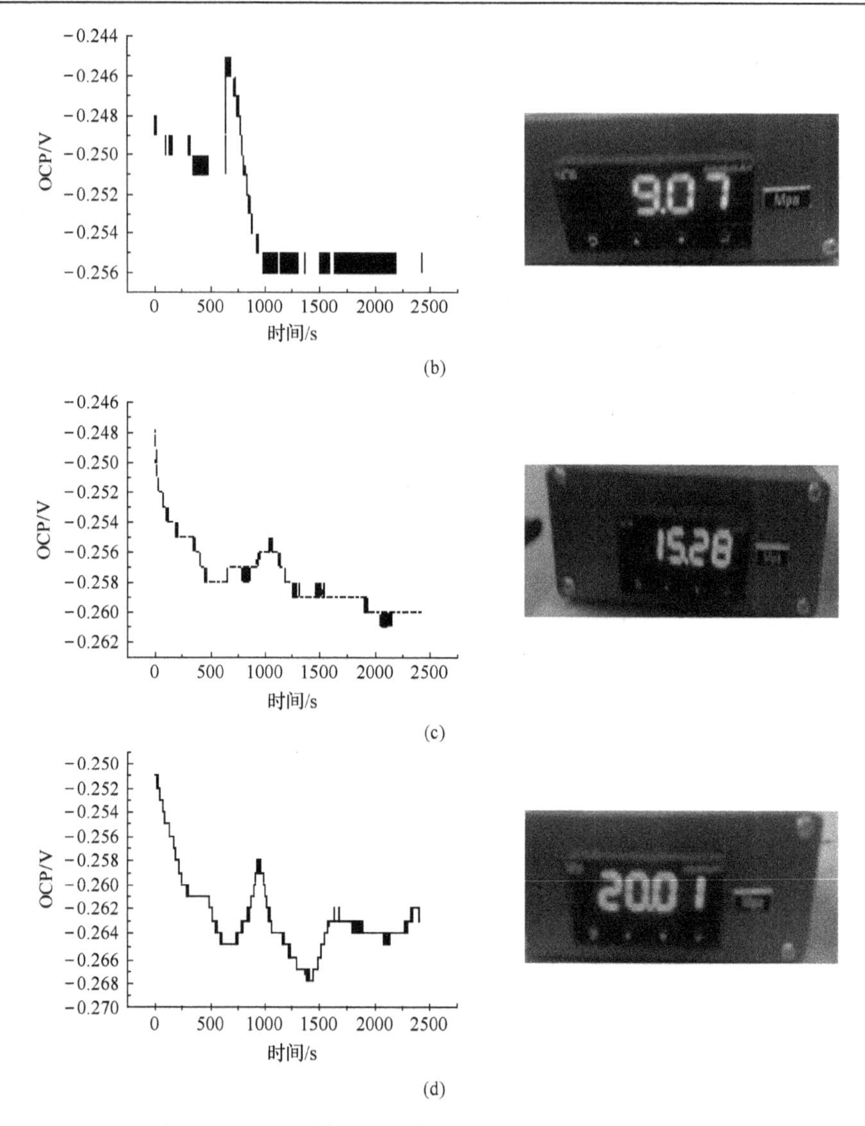

图 5-23　同一试样在不同静水压力下开路电位 - 时间曲线

如图 5-23，同一试样在不同静水压力下的开路电位随静水压的增加发生了负移。金属浸入电解质溶液中后，金属表面的正离子由于极性水分子的作用，将发生水化。若水化时产生的水化能足以克服金属晶格中金属正离子与电子之间的引力(金属键能)，则金属表面一部分正离子就会脱离金属进入溶液中形成水化离子。等电量的负电荷(电子)留在金属表面而使金属表面带负电。与此同时，水化了的金属离子由于静电引力或热运动等作用，也有解脱水化从溶液中重新回到金属表面与电子结合的趋势。当水化过程和解脱水化过程达到动态平衡时，结果就在金属/溶液界面上形成了双电层结构。当有更多的阴离子吸附到金属表面时，测量的液接电位将负移。目前的研究结果表明，静水压力对金属材料腐蚀行为的影响可能是压力下 Cl^-的活性提高所致，其一佐证为静水压力下的腐蚀产物出现大量氯元素的富集。同样，Cl^-活性的提高将增强其在金属表面的吸附作用，从而使开路电位负移。

图 5-24 为不同压力下 AM355 的交流阻抗谱曲线。

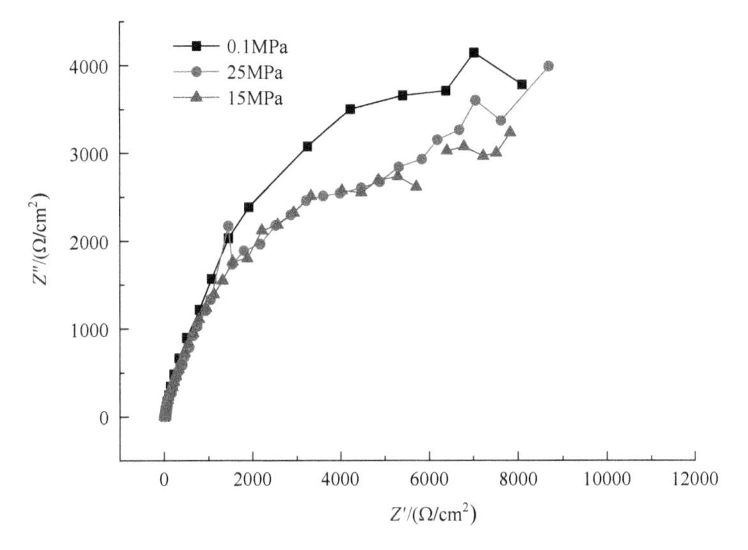

图 5-24　不同静水压力下 AM355 的交流阻抗谱

如图 5-24 所示，从其阻抗弧来看，随着静水压力的增大，电荷传递电阻的值呈减小的趋势。图 5-25 为不同静水压力下的极化曲线。

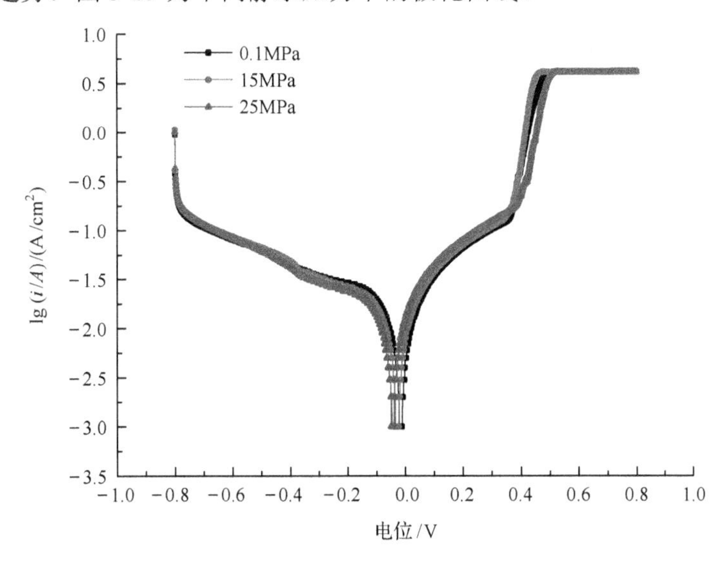

图 5-25　不同静水压力下的极化曲线

在极化直线区间内分别测得其塔菲尔斜率并获得腐蚀电流值，根据腐蚀电流密度与极化电阻之间的关系，由斯特恩公式计算求得极化曲线拟合结果(表 5-7)。

$$I_{\rm corr}=\frac{2.303b_{\rm a}\cdot b_{\rm c}}{b_{\rm a}+b_{\rm c}}\cdot\frac{1}{R_{\rm p}} \tag{5-29}$$

$$R_{\rm p}=\frac{2.303b_{\rm a}\cdot b_{\rm c}}{b_{\rm a}+b_{\rm c}}\cdot\frac{1}{I_{\rm corr}} \tag{5-30}$$

表 5-7　极化曲线拟合数据

	0.1MPa	15MPa	25MPa
$E_{\rm corr}$/V (*vs.*SCE)	−0.025	−0.05	−0.09
$I_{\rm corr}$/(μA/cm^2)	19.9	20	19.3
阳极塔菲尔斜率 $b_{\rm a}$/V	0.474	0.451	0.464
阴极塔菲尔斜率 $b_{\rm c}$/V	1.18	1.17	1.39
$R_{\rm p}$/(kΩ · cm^2)	39	37.5	41.5

从极化曲线拟合数据看，阳极塔菲尔曲线及阴极塔菲尔曲线形状基本保持不变，表明压力没有改变阴极和阳极反应机制，不同压力下阳极塔菲尔斜率 $b_{\rm a}$ 差别不大，自腐蚀电流密度基本一致，表明自然腐蚀条件下压力对该材料的影响不大，0.1MPa、15MPa 阴极塔菲尔斜率相近，而在 25MPa 下阴极极化阻力增大，静水压力增大到一定的程度，氧的扩散速率将受到影响。

5.2.8　不同静水压力下 AM355 点蚀形貌特征

彩图 12 为不同压力下极化后点蚀形貌及孔深白光干涉成像。

随机选择 20 个蚀孔，对其孔深及孔径统计平均，所得数据如表 5-8 所示。

表 5-8　不同压力下极化后点蚀孔径及孔深统计

静水压力/MPa	平均孔深/μm	平均孔径/μm	径深比
0.1	43.4	124.1	2.86
15	23.5	127.5	5.42
25	8.54	128.0	15.0

如表 5-8，随着静水压力的增加，平均孔径逐渐增大，但变化不是非常明显，而平均孔深则随压力的变化出现了明显的变化，在 0.1MPa 时，平均孔深为 43.4μm，静水压力增加到 25MPa 时，孔蚀深度迅速减小，平均值为 8.54μm。换言之，随着静水压力的增大，孔蚀深度逐渐变浅，该现象可进一步由扫描电镜观摩，为了使观察结果清晰，观察前试样用 2000#砂纸轻轻打磨几次，再用去离子水小心冲

洗，随后放入扫描电镜观察，结果如图 5-26。

如图 5-26，除了孔蚀深度逐渐减小外，孔蚀数量则随静水压力的增加逐渐增多，说明在静水压力的作用下，点蚀更容易产生。下面分析静水压力对点蚀产生的机理。

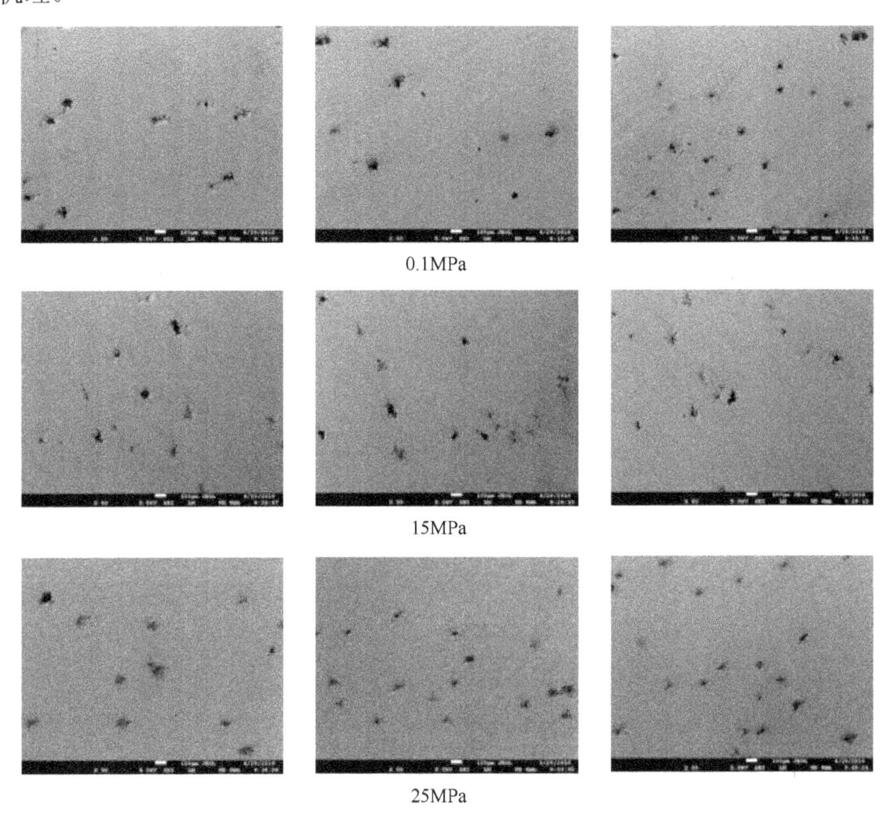

图 5-26　不同压力下极化后点蚀形貌扫描电镜图

金属体内任取一微单元，其二维应力状态如图 5-27 所示，X 向应力为 σ_x；Y 向应力为 σ_y；任一与 X 方向夹角为 θ 的斜截面上应力为 σ_θ；单元各边的长度分别为 a、b、c。

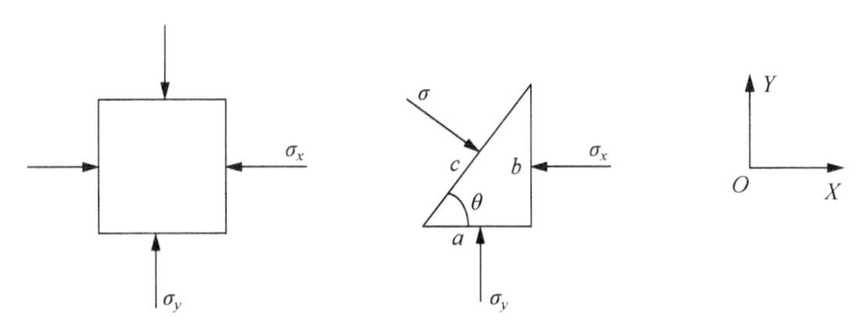

图 5-27　静水压力下二维应力状态

受 X 向、Y 向受力平衡的制约，存在如下关系，

$$\sum F_x = 0,\ \sum F_y = 0 \tag{5-31}$$

即

$$a \cdot \sigma_y = c \cdot \cos(\theta) \cdot \sigma_\theta \tag{5-32}$$

$$b \cdot \sigma_x = c \cdot \sin(\theta) \cdot \sigma_\theta \tag{5-33}$$

将式(5-32)、式(5-33)左右平方相加，得式(5-34)。

$$a^2\sigma_x^2 + b^2\sigma_y^2 = c^2 \cdot (\sin^2\theta + \cos^2\theta) \cdot \sigma_\theta^2 = c^2\sigma_\theta^2 \tag{5-34}$$

由于静水压力 X 向、Y 向应力值相等，即 $\sigma_x=\sigma_y$，设静水提供的应力值为 σ，则：

$$\sigma_\theta^2 = \sigma^2 \frac{(a^2 + b^2)}{c^2}$$

根据勾股定理，$a^2+b^2=c^2$，因而，$\sigma_\theta=\sigma$，也就是说，对于只受水压作用的物体而言，在任何方向的平面上，其应力值都是一样大小的，只和水的压强有关。当点蚀形成后，形状发生改变，假定点蚀为球形，如图 5-28(a)，取包含点蚀表面的任一微单元为分析对象，其受力如图 5-28(b)所示。

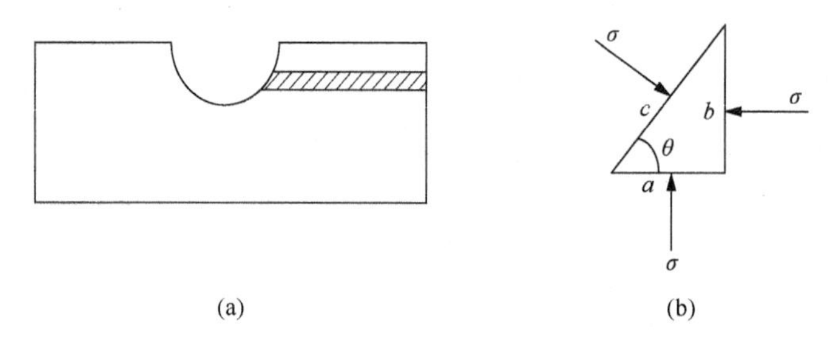

图 5-28 含点蚀表面微单元静水压力下二维应力状态

此时斜面上受力大小为 σ，根据前述应力计算分析结果，点蚀产生后任一表面的应力显然也是一致的。文献[10]通过有限元分析，认为在点蚀的四周将产生应力集中，这导致点蚀更易于向点蚀周边轮廓的法向方向扩展，进而使得相邻的点蚀相互连通并由此发展为全面腐蚀，该结论和上述应力计算结果不一致，压力对点蚀的影响机制仍需更进一步地深入研究。

值得注意的是，上述应力计算的结果假定材料是均质且各向同性，当按此假设对点蚀机理的产生、发展进行解释时，往往忽略了诸多的关键因素。因为点蚀的产生很大程度上是由于作为电极的金属材料的不均一性，点蚀、局部腐蚀通常在某些局部缺陷或局部异相处产生并扩展。如 Tan Yongjun 对这些不均一相所作的归纳总

结，与局部腐蚀相关的不均一因素包括材料表面粗糙度、划痕、夹杂、表面缺陷、冶金缺陷、析出相、晶界、位错、应力集中、异常化学吸附、选择性溶解等[11]。这些电极表面的非均一因素对其电化学行为的重要性引起越来越多的关注。

如前所述，沉淀硬化不锈钢发生点蚀时通常出现在析出相与基体相相邻处，在进行应力分析时，考虑材料的非均一性，添加析出碳化物的影响，其受力状态如图 5-29 所示，取一微单元包含析出碳化物与基体的边界(虚线框内区域)。

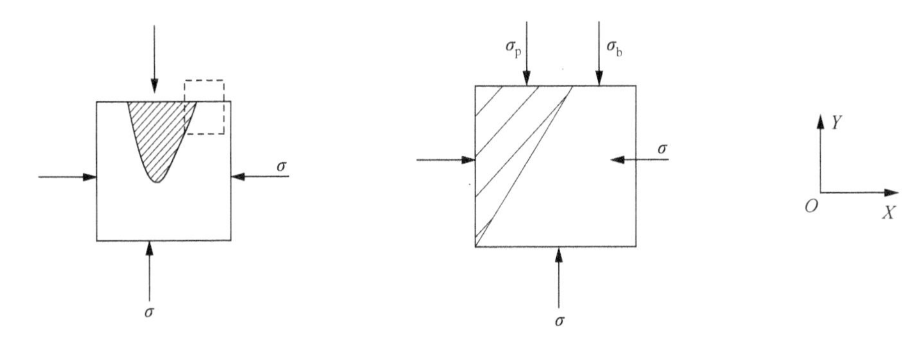

图 5-29　析出相与基体相邻处微单元静水压力下二维应力状态

设基体和析出物的弹性模量分别为 E_b 和 E_p，应变分别 σ_b 和 σ_p，分两种情况对其应力进行分析。

(1) 假定两相界面处没有任何相对位移，即两种材料的应变完全一致，根据 $\sigma=E\cdot\varepsilon$，当应变 $\varepsilon_b=\varepsilon_p$ 时，由于 $E_b\neq E_p$，两种材料受到的应力将不一致，弹性模量大的材料将承受较大应力。

(2) 假定两相材料所受应力一致，即应力分布均一、大小相同，由于 $E_b\neq E_p$，应变必然不相等，$\varepsilon_b\neq\varepsilon_p$，其相邻界面处的切应变分量也不相同，将导致界面处晶格(共格或半共格关系，如析出相与基体的高分辨图 5-30 所示)产生变形。

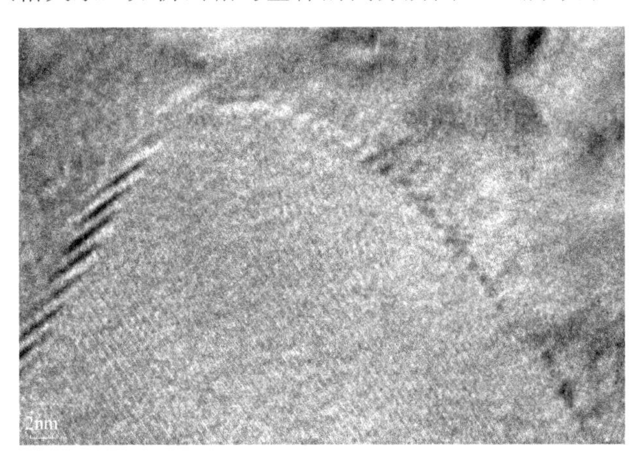

图 5-30　析出相高分辨图

综上所述，不论是哪一种情况，当材料不是完全均一时，在析出碳化物和基体相邻处，静水压力会导致应力分布不均或应变不均引起变形，会导致金属在静水压力作用下易于产生局部腐蚀。由于腐蚀总是从金属的表面发生，而水压在任意形状表面处大小均一致且垂直于表面，因此第二种解释较为合理，即应力一致，应变不一样导致晶格畸变，导致更易发生点蚀。

5.2.9　不同静水压力下 AM355 应力腐蚀形貌分析

为了进一步分析并确认静水压力对腐蚀的影响机制，对弯曲试样在不同的静水压力下进行了浸泡腐蚀试验。弯曲试样主要基于两点考虑：①是让试样在应力状态下腐蚀速率加快，便于形貌观察，因为该不锈钢的 Cr、Ni、Mo 含量较高，在海水中极其耐腐蚀，这样便于对比分析。②在深海工程实际应用中，材料在很多情况下存在拉压应力，如制造过程中材料产生的焊接残余应力、装配中产生的应力等，又如海底的输油管道，内部的油压就会使管外壁受力。因此，考察应力状态下深海环境中的腐蚀具有重要的工程意义。本实验弯曲试样为三点弯曲试样。

设计三点弯曲夹具如图 5-31 所示，中间为 M6 螺纹孔。装夹时，用聚四氟乙烯螺栓通过螺纹孔旋紧施加压力，使试样获得一定的挠度。所有材料选用聚四氟乙烯，避免和金属接触产生电偶腐蚀。

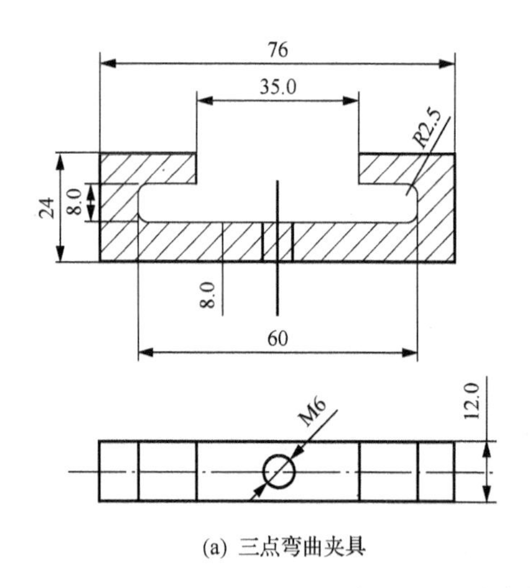

(a) 三点弯曲夹具

(b) 试样装夹示意

图 5-31　三点弯曲试样夹具及安装示意

根据设计的卡具，试样用线切割机床切割至 55mm×5mm×1.4mm，试样切割完毕后用 120#、180#、400#、600#砂纸逐级打磨，打磨后厚度为 1.28mm，然后进行装卡。将试样固定在夹具中，聚四氟乙烯螺栓通过螺纹孔旋紧施加压力获得 8mm 的挠度，完成三点弯曲试样的制作，如图 5-31 所示。装夹好的试样置入装有人工模拟海水的反应釜内，根据要求加压，达到试验压力后保压 20 天，随后取出进行腐蚀形貌观察。

样品取出后，进行形貌观察。样品取样观察部位如图 5-32 所示。

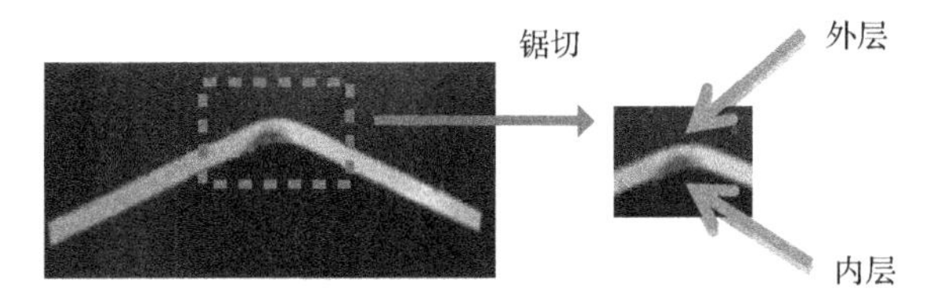

图 5-32　试样观察部位

由于弯曲试样外层受拉应力，内层受压应力，外层和内层都进行了形貌观察，用于分析对比，在观察腐蚀形貌前要将试样置于无水乙醇溶液中超声 20 分钟后观察。

图 5-33 为不同回火制度 AM355 在不同静水压力下外层微观腐蚀形貌对比。

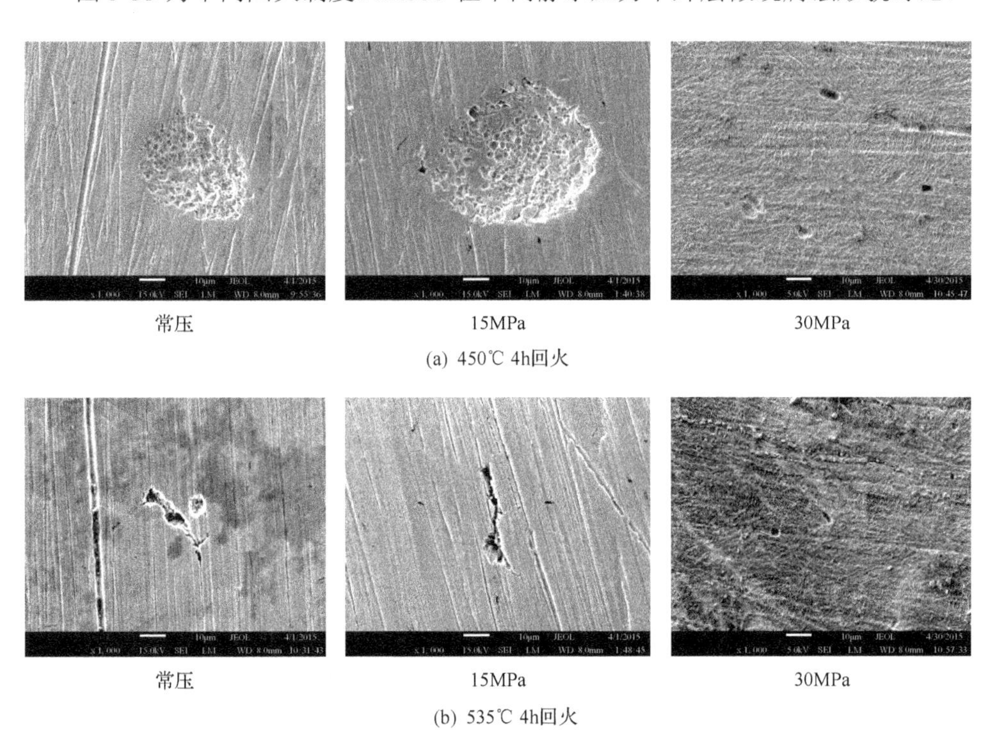

图 5-33　AM355 弯曲试样外层微观腐蚀形貌

经不同回火处理的 AM355 在常压、15MPa 静水压力下外层应力腐蚀形貌基本无较大的差异，均出现了点蚀，而在 30MPa 静水压力下，经 450℃、4h 回火和经 535℃、4h 回火的 AM355 出现了均匀腐蚀。

三点弯曲应力腐蚀实验时，由于施加压力的螺栓前端和试样紧密接触，引起该区域氧扩散速率减小，导致氧浓差电池，不可避免地在内层接触处引起缝隙腐蚀，如图 5-34 所示。

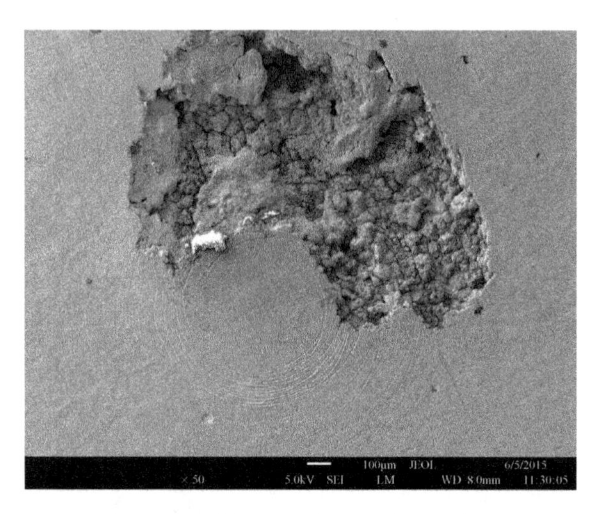

图 5-34　螺栓接触缝隙引起的缝隙腐蚀

缝隙腐蚀的存在可使通过螺栓顶紧所加载的应力由于该区域的腐蚀造成顶紧力减小，实际加载的弯曲应力减小，影响到弯曲应力的分析结果，后续需改善试验方法。

通过对缝隙腐蚀形貌的对比观察，也可观察压力对腐蚀的影响，以 535℃、4h 回火后的 AM355 为例，图 5-35 为不同压力下弯曲应力腐蚀内层缝隙腐蚀形貌对比。对比缝隙腐蚀处形貌，随着静水压力的增加，晶间腐蚀趋于严重。

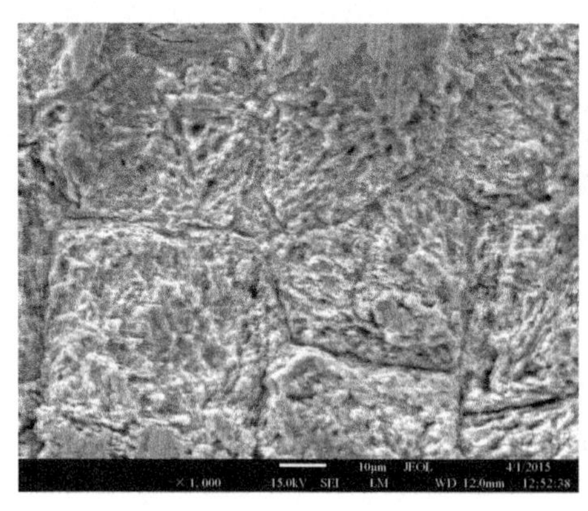

常压

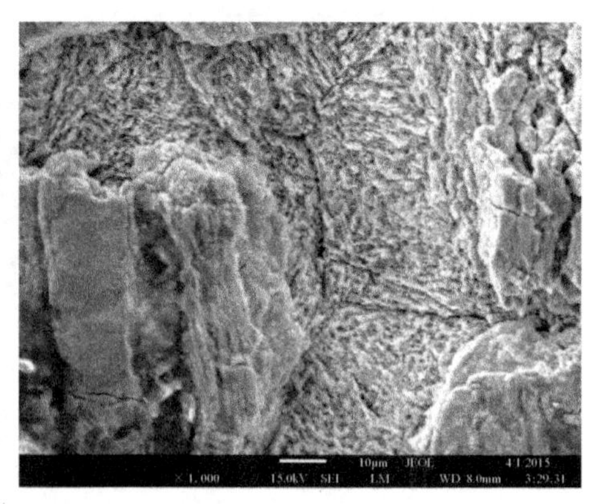

15MPa

30MPa

50MPa

图 5-35　不同静水压力下缝隙腐蚀形貌对比

通过极化曲线、开路电位和交流阻抗谱的测试，研究了静水压力对腐蚀特性的影响，结合腐蚀形貌的观察，分析了静水压力对腐蚀的影响机制。

结果表明，随着静水压力的增加，Cl^-活性增加导致其在金属表面的吸附，开路电位负移，电荷传递电阻减小，当压力增大到一定程度，氧的扩散速率将减缓。点蚀形貌统计分析表面，随压力的增大，点蚀更易于发生，但点蚀深度减小，在一定的压力下出现全面腐蚀，其原因为压力与材料内部非均一性的协同作用。

5.3　结　　语

进入 21 世纪，国际海洋科学技术发展十分迅猛，并呈以下发展趋势：①研究方法趋于多学科交叉、渗透和综合。从材料科学到装备制造，从基因技术到生物药物工程，从数值模拟技术到立体全球大生态等多学科的综合渗透交叉。②研究重点趋向资源、环境等与人类生存与发展密切相关的重大问题。并在深海资源勘探利用、海洋工程、海洋生物基因、海洋空间利用、海洋环境预报警报等领域酝酿取得重大成就。③研究手段不断采用高新技术，并趋向于全覆盖、立体化、自动化和信息化。从卫星遥感、航空遥感、船舶监测、浮标，到潜标、深潜器、再到海底的实时观测，形成了全天候、全覆盖、立体的观测体系。

海洋科技进入到一个新的发展阶段。但总体上，我国海洋科技水平与国际海洋强国相比还存在较大的差距。主要表现在：海洋科技发展不平衡，总体水平与发达国家相比差距约 10～15 年，海洋科技对海洋经济的贡献率低，只有约 30%，而发达国家达到 60%～70%。科技成果的转化率低，不足 20%；海洋科技投入不足；海洋科技力量和资源利用整合度低；其原因就是技术装备落后，最直接的原因就是设备材料难以适应海洋特别是严酷的深海环境。适用于深海极端环境的材料研究和开发是制约深海技术发展的瓶颈。海洋科技领域的发展是一项系统的工程，往往是诸多领域科技发展的集成，但就最重要的基础而言，常常依赖于材料科技的发展和突破，尤其将特别依赖于专用海洋材料的研究和进展。与陆地使用材料不同的是，涉海材料用在海洋中，特别是在深海极端环境下，受到海水重压甚至高温及海洋微生物的侵蚀、硫化物腐蚀，这就要求涉海材料必须具有高强度、耐海水热液腐蚀、抗硫化腐蚀、抗微生物附着、高韧性等特点。因此对具有优良的抗硫化腐蚀性能、抗微生物附着的材料的需求越来越迫切，国家深海高技术发展专项规划“十二五”已将“深海材料技术”列为发展重点。

深海热液区由于环境苛刻，特别是热液区域的硫化氢腐蚀，对于深海石油开采和深海平台建设几乎难以克服和逾越，国内外目前能在如此高的温度和压力下进行长期服役的材料与装置较少，例如美国使用钇稳定氧化锆陶瓷传感器测试热液区环境的 pH 值，但使用几百小时后，发现其已经发生腐蚀，材料的微观结构发生改变、传感器的测试准确性降低。尽管如此，国外拥有的此类传感器仍然对我国实施禁运。经过多年努力，我国目前研制出了 Zr/ZrO_2 为电极的高温高压化学传感器和集成的 pH、H_2、H_2S 探头，能够在 4000m 水深、400℃高温高压环境下工作，但传感器的腐蚀及失效机制研究甚少。由此可见，目前关于深海探索，虽然一些材料已经进入实际应用，但对材料的腐蚀规律与失效机制仍停留在表观认识，缺乏系统的研究，因此不能指导专用海洋材料的制备与开发。这主要是由于深海的腐蚀因素众多，如温度、压力、pH 值、化学成分、流速、生物环境等，这些参数都会对材料的腐蚀产生影响。因此，为了准确研究材料的深海腐蚀规律，过去都是将材料绑定于绳索不同位置，通过重力锚和浮球的作用，投入深海进行试验。深海自然环境试验系统复杂、试验费用高，除试验装置的投放、运行与回收外，其可靠性还与多种因素包括地质、环境、装置、人为等相关，存在样板丢失、装置回收率低等问题。直至目前，才开始使用深海模拟器来研究材料的腐蚀，且仅仅处于起步阶段，深海极端环境下专用材料的腐蚀研究更是国际空白。因此，开展深海极端环境材料的腐蚀研究，将对我国海洋资源(石油、矿产)开发、经济可持续发展具有重大价值。

参考文献

[1] 金翔龙, 初凤友. 大洋海底矿产资源研究现状及其发展趋势. 东海海洋, 2003, 21(1): 1-4

[2] 杜同军, 翟世奎, 任建国. 海底热液活动与海洋科学研究. 青岛海洋大学学报, 2002, 32(4): 597-602

[3] 曹楚南. 腐蚀电化学原理. 北京: 化学工业出版社, 2004: 169-222

[4] Schwartz L H, Mahajan S, Plewes J H. Spinodal decomposition in a Cu-9wt%Ni-6wt%Sn alloy. Acta Metall, 1974 (22): 601-609

[5] Jeon W S, Shur C C, Kim J G. Effect of Cr on the corrosion resistance of Cu-6Ni-4Sn alloys. Journal of Alloys and Compounds, 2008 (455): 358-363

[6] 程斐, 陈建平, 张良. 日本海洋科学技术中心技术发展现状. 海洋工程, 2002(1): 98-102

[7] 刘峰, 崔维成, 李向阳. 中国首台深海载人潜水器—蛟龙号. 中国科学, 2010, 40(12): 1617-1620

[8] 俞铭华, 王自力, 李良碧, 王仁华. 大深度载人潜水器耐压壳结构研究进展.华东船舶工业学院学报 2004, 18(4): 1-6

[9] 吴始栋, 朱丙坤. 国外新型金属材料及焊接技术的开发与应用. 鱼雷技术 2006, 14(5): 6-11

[10] Hermas A A, Morad M S. A comparative study on the corrosion behavior of 304 austenitic stainless steel in sulfamic and sulfuric acid solutions. Corrosion. Sci., 2008, 9(50): 2710-2717

[11] Chou Y L, Yeh J W, Shi H C. The effect of molybdenum on the corrosion behaviour of the high-entropy alloys Co1.5CrFeNi1.5Ti0.5Mo in aqueous environments. Corros. Sci., 2010, 52(8): 2571-2581

彩　　图

彩图 1　海底热泉现象

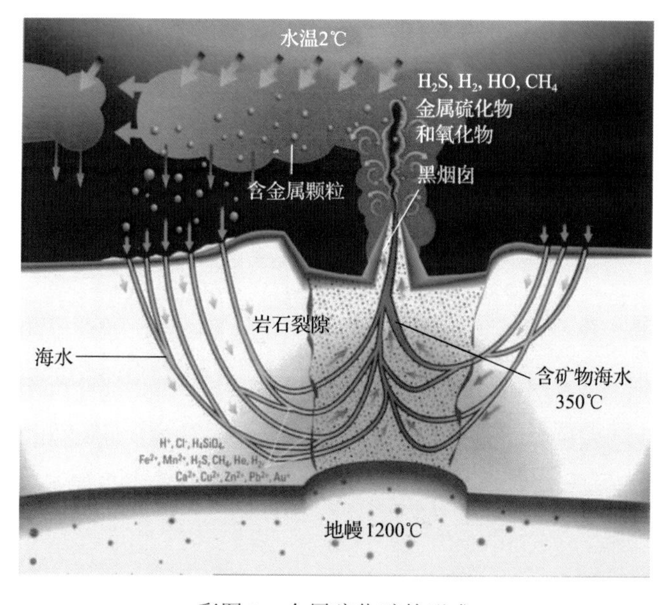

彩图 2　金属硫化矿的形成

彩图 3　热液生物群图

彩图 4　热液生物群中的瓣鳃类贝壳图

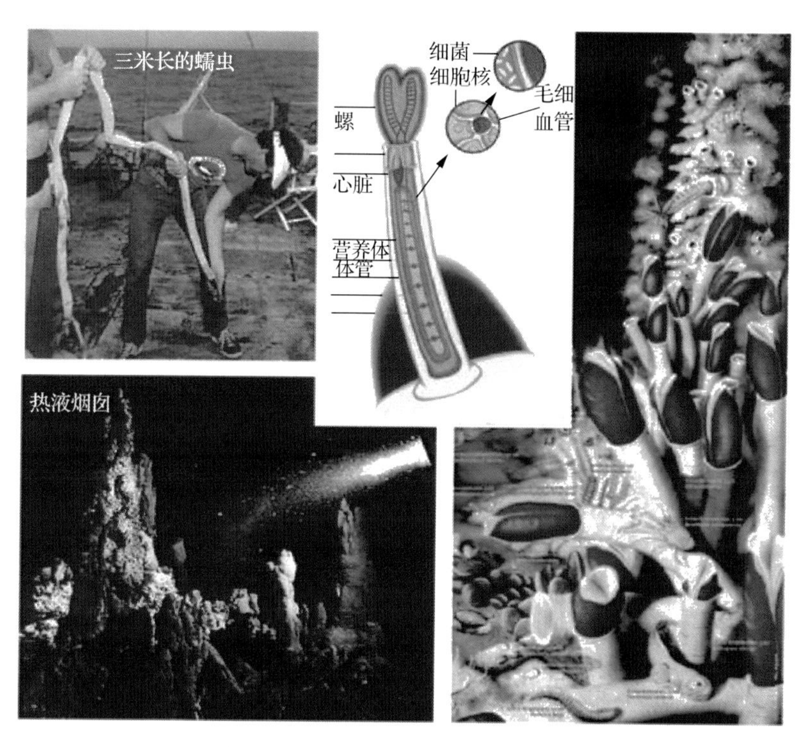

彩图5　热液生物群中三米长的蠕虫

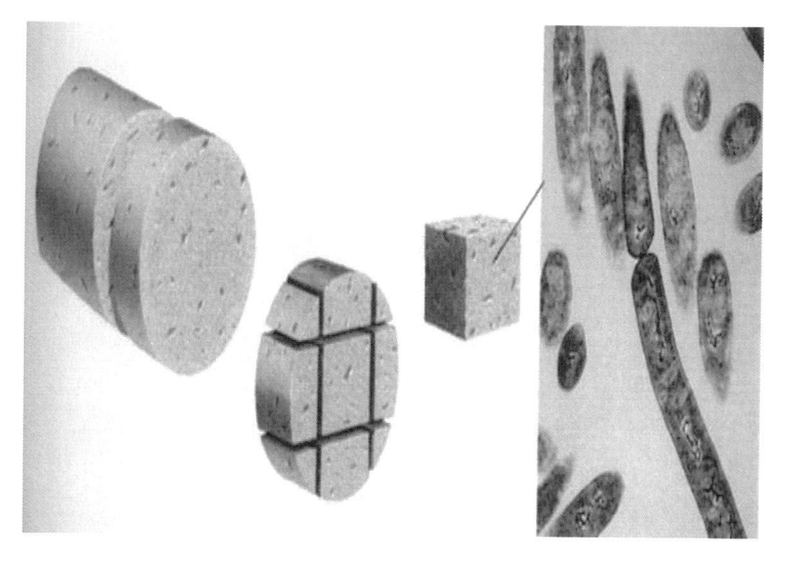

彩图6　海底油井中发现的热液细菌

彩图 7　深潜器

彩图 8　无人遥控潜水器(ROV)

彩图 9　深海石油钻采隔水管用浮力材料

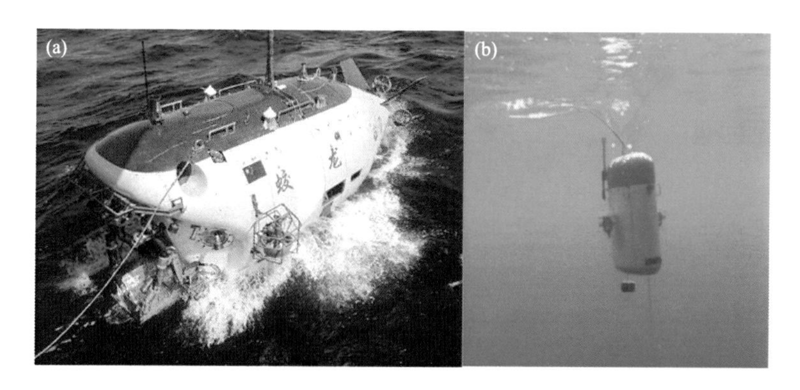

彩图 10　(a)载人深潜器“蛟龙”号；(b)无人潜水器“海斗”号（来自网络）

彩图 11　深海模拟器远景图

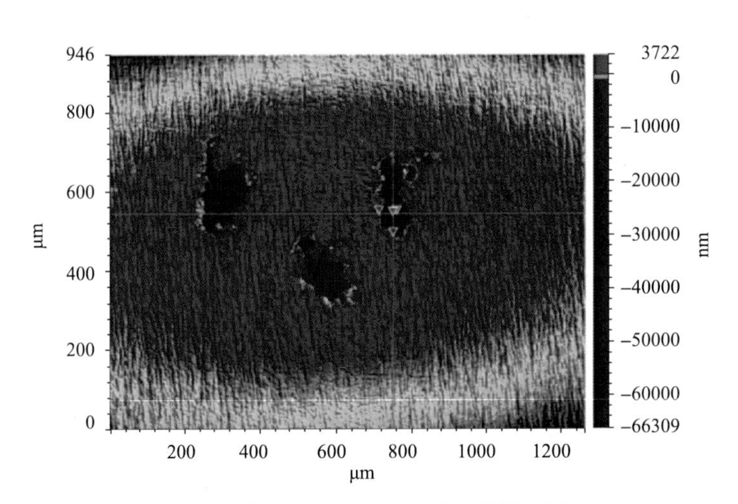

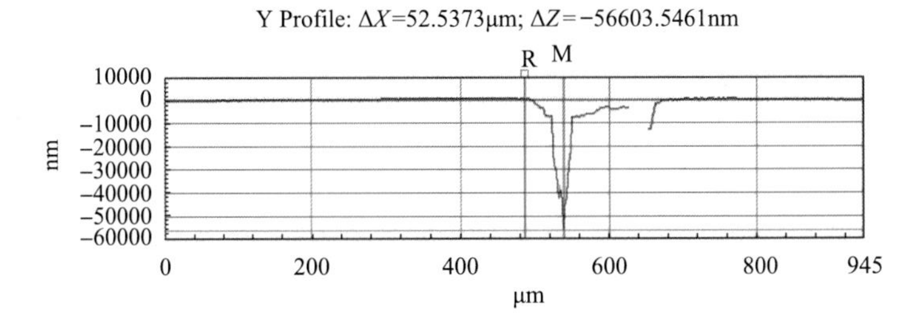

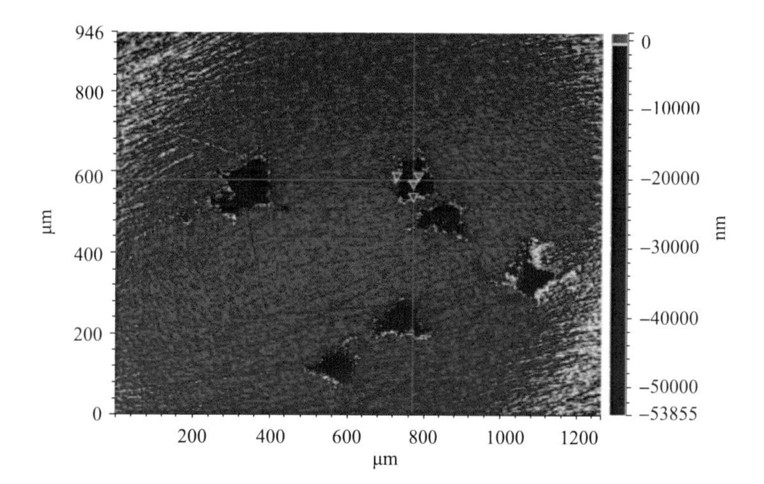

X Profile: ΔX=57.4779μm; ΔZ=−3023.0550nm

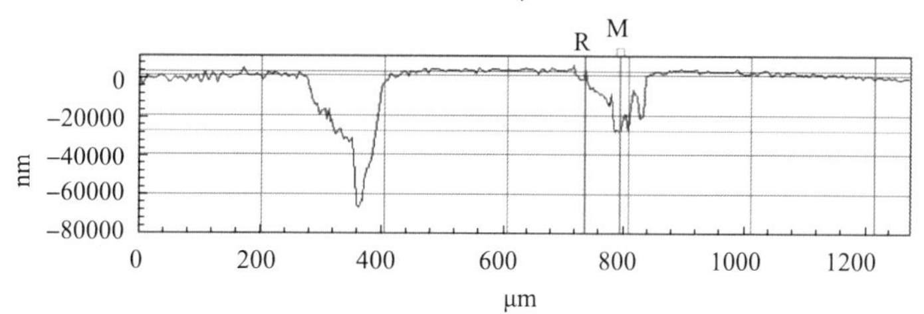

X Profile: ΔX=31.6048μm; ΔZ=−5125.7346nm

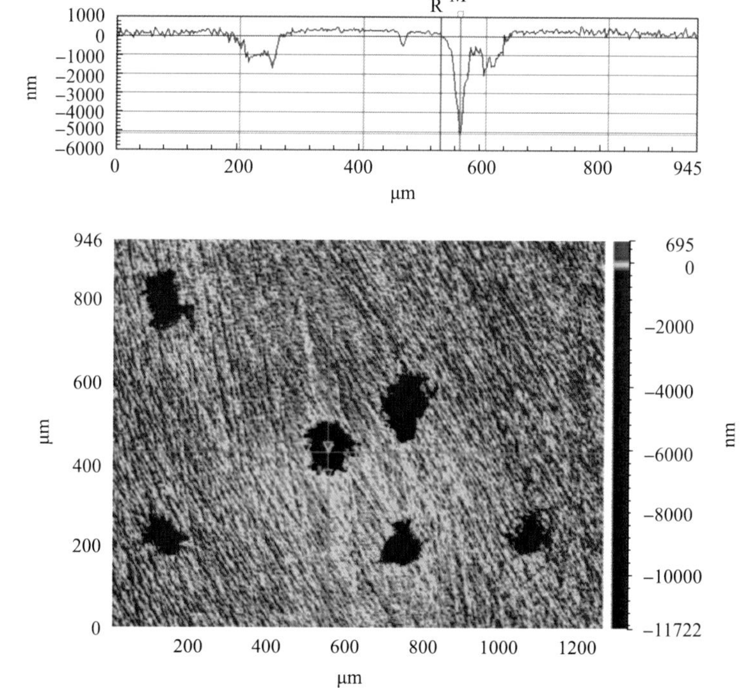

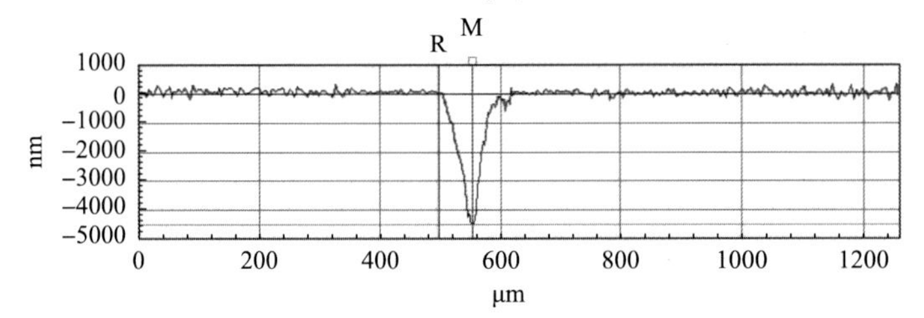

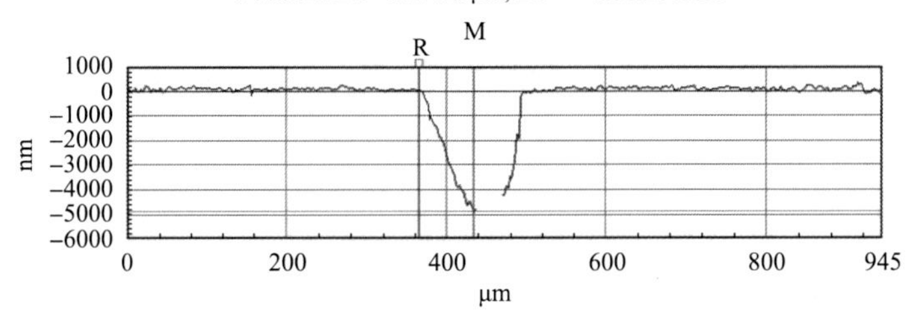

彩图 12　不同压力下极化后点蚀形貌及孔深白光干涉成像